WACHTELN HALTEN

für Anfänger

Das große Praxisbuch zur artgerechten Wachtelhaltung auf dem Balkon und im Garten – Alles über Anschaffung, Pflege, Futter, Ställe und Eier

Dr. Benedikt Sauer

EULOGIA
VERLAG

Inhaltsverzeichnis

Vorwort

Ein warmer Sommertag auf dem Balkon: Ich liege entspannt in der Hängematte, schließe die Augen und lausche dem leisen Zwitschern meiner Wachteln. Schon beim ersten Ton weiß ich: Die Entscheidung, eigene Wachteln zu halten, war goldrichtig.

Ich lehne mich zur Seite und werfe einen Blick in die liebevoll eingerichtete Voliere. Sind alle wohlauf? Sobald ich die Tür öffne und meine Hand hineinhalte, watscheln drei neugierige Federkugeln herbei, in der Hoffnung auf ein Leckerli. Hinter ihnen glänzt bereits ein frisch gesprenkeltes Ei. *Das war eine richtig gute Idee.*

Seit vielen Jahren halte und züchte ich Geflügel. Zuerst engagierte ich mich im Vorstand unseres Rassegeflügelzuchtvereins, später erreichte ich als YouTuber mit praxisnahen Videos noch mehr Interessierte.

Japanische Legewachtel, 10 Wochen alt. Farbe: Tenebrosus.

Aufgewachsen im ländlichen Höxter (Ostwestfalen), faszinierte mich schon als Kind die Frage, was aus den Dinosauriern geworden ist. Nach Abitur und Zivildienst studierte ich Geowissenschaften und Paläontologie in Göttingen. Die Pointe von Jurassic Park ist keine Fiktion: Vögel sind die Nachfahren der Dinosaurier. Wachteln sind also Ur-ur-Enkel von *Tyrannosaurus rex*, *Microraptor* und *Archaeopteryx*. Dieses kleine Wissen bringt jedes Besuchskind zum Staunen – besonders, wenn es eine Wachtel auf die Hand nehmen darf.

Warum gerade Japanische Legewachteln?

Biologisch zählen Wachteln zur Familie der Hühnervögel. Für Einsteiger sind die Japanischen Legewachteln (*Coturnix japonica domestica*) nahezu unschlagbar:

- einfach zu halten
- seit Langem domestiziert
- schnell zutraulich und wenig schreckhaft
- äußerst robust gegen Krankheiten
- wachsen rasch heran
- legen zuverlässig viele Eier
- vertragen selbst tiefen Frost
- brauchen wenig Platz
- wohltuender, leiser Gesang
- viele attraktive Farbvarianten
- optimales Futter im Landhandel erhältlich
- kurze Lebenserwartung (2–3 Jahre) erlaubt bei Bedarf ein rasches natürliches Ende der Haltung
- seit 2015 offizieller Rassestandard im Bund Deutscher Rassegeflügelzüchter BDRG – ideal für Zucht und Ausstellungen
- Das Rufen eines Wachtelhahns ist erheblich leiser und angenehmer als der Krähruf eines Hühnerhahns. In artgerechter Haltung sollten zulässige Lärmgrenzwerte in der Regel nicht überschritten werden.

Die **wilde** japanische Wachtel ist ein Zugvogel. Unsere Hausform hat sich jedoch im Laufe von mehr als 1.000 Generationen so stark verändert, dass sie kaum fünf Sekunden fliegt und keine zwanzig Meter gezielt zurücklegt. Ein herbstlicher „Drang nach Süden" bleibt aus. **Unsere Wachteln sind keine Zugvögel**. Der Punkt ist mir wichtig, da es unmöglich ist, einen Zugvogel artgerecht in Gefangenschaft zu halten. Daher plädiere ich – wie H. Lukanov (2019)[1] – für die eigene Bezeichnung *Coturnix japonica domestica*. Wenn ich in diesem Buch von „Wachteln" schreibe, dann meine ich damit die *Coturnix japonica domestica*. Jedes Mal von der domestizierten Form der Japanischen Legewachtel zu schreiben, erspare ich uns.

Andere Wachtelarten lernen wir in Kapitel 3 kennen: Blauschuppen-, Harlekin-, Montezuma-, Bobwhite- und Schopfwachteln – jede mit Bild und Kurzsteckbrief.

Zwei Quadratmeter Glück

Zurück auf den Balkon: Ein lauer Wind bewegt die Ranken der Kapuzinerkresse, die über die Voliere wachsen. Wo früher eine ungenutzte Schmuddelecke war, blüht jetzt ein kleines Biotop. Oft reichen schon zwei Quadratmeter zum Glück.

Das erwartet dich in diesem Buch:

- Planung und Bau einer artgerechten Voliere
- Ernährung, Pflege und Zähmung
- Erfolgreiches Ausbrüten von Küken
- Gesundheitsvorsorge und Erste Hilfe
- Vorbereitung auf Ausstellungen und Zuchtziele

Nach der Lektüre bist du bereit, dein eigenes leises Dinosaurier-Quartett willkommen zu heißen – auf dem Balkon, im Garten oder in der Stadtwohnung. Und vielleicht sagst auch du bald:

Das mit den Wachteln war wirklich eine richtig gute Entscheidung.

---

[1] H. Lukanov. 2019. Domestic quail (Coturnix japonica domestica), is there such farm animal? In: *World's Poultry Science Journal*, Vol. 75, Issue 4, pp. 547–558.

1

Die Motivation

Ein Gedankenspiel: Wachteln könnten die besseren Hühner sein. Mit ihren selbstgelegten Eiern danken sie uns für den Aufwand einer artgerechten Haltung. Dabei benötigen sie deutlich weniger Platz als Hühner und lassen sich somit auch auf kleinerem Raum gut halten.

Ihre Eier sind zwar kleiner, kommen aber über das Jahr hinweg regelmäßiger und schmecken etwas intensiver. Außerdem sind Wachteln ausgesprochen leise: Während Hühnerhähne und auch Hühnerhennen, insbesondere nach dem Legen eines Eies, durchaus laut werden können, geben Wachteln meist nur ein beruhigendes Zirpen von sich.

Meine zwei Quadratmeter große Voliere in einer überdachten Balkonnische. Auch bei schlechtem Wetter kann ich so die sieben Wachteln beobachten, die dort ihr Zuhause haben.

Tatsächlich würde ein Quadratmeter schon für bis zu fünf Wachteln ausreichen, besser wären natürlich zwei Quadratmeter. Eine Ecke dieser Größe hast du bestimmt noch übrig, oder?

Auf dem Foto links seht ihr die Voliere, in der meine Balkonwachteln ihr Zuhause haben. So genieße ich von meinem Arbeitszimmer nun nicht nur den Blick in den Walnussbaum, sondern auch in die Wachtelvoliere. Großartig, um kurz mal gedanklich eine Pause zu machen.

Am Rande der Wachtelausstellung in Schleswig präsentiert Falk glücklich sein Wachtelpärchen. In seiner rechten Hand der Hahn, in seiner linken die Henne. Beide wildfarben.

Über die wirtschaftlich-industrielle Hölle, in der sich viele Millionen Lege- und Masthühner befinden, ist reichlich bekannt. Legewachteln und deren Eier als Nischenprodukt waren bislang überhaupt nicht im Blickfeld des Gesetzgebers und so fehlen hier leider konkrete Regelungen zu den Haltungsbedingungen. Es bedarf kaum Fantasie, um sich auszumalen, ob die allermeisten gewerblich gehaltenen Wachteln eher in einer ausbeuterischen Qualhaltung oder in einer den Tieren angemessenen artgerechten Haltung leben und sterben.

Wachteln verkörpern die weitgehend unbekannte Stufe zwischen Haustieren und Nutztieren. Und sie können beidem zu 100 % gerecht werden.

Daher möchte ich euch bitten:

Schenkt euren 11-jährigen Kindern keine Wellensittiche, Hamster oder Meerschweinchen. Diese sind sehr schnell langweilig, werden vergessen und laufen dann auf ihrem eigenen Kot. Verantwortung für Tiere zu übernehmen ist meiner Meinung und Erfahrung nach etwas, was wir unseren Kindern meist viel zu früh „zumuten". **Schenkt euren Kindern stattdessen Wachteln** und die Freude wird lange anhalten; schließlich gibt es regelmäßig wunderschöne und leckere eigene Wachteleier, die die Kinder an Oma und Opa oder die Nachbarn für ein Taschengeld verkaufen können.

Und bitte übergebt die Verantwortung für die Tiere nicht ganz an die Kinder: Jedes Mal ärgert man sich nur, wenn Wasser- und Futterbehälter den zweiten Tag in Folge leer sind oder es schon aus großer Entfernung nach Ammoniak stinkt. Das Kind mit den Worten „Deine Meerschweinchen dursten schon wieder!" zu ermahnen, erzeugt keine Reaktion außer einem kaum verständlichen „Mach ich morgen, mein Fuß tut weh ...".

Verschenkt nur drei der fünf Wachteln und sprecht ab, sich gemeinsam um die Wachteln zu kümmern. So wird das Frustkonto entlastet und man darf sich über jede vom Kind geleistete Pflegeaktion freuen. Sei es auch nur das Eiereinsammeln am Abend oder das Verfüttern von ein paar Löwenzahnblättern.

Wachteln bieten fast alle Vorteile, die auch eigene Hühner bieten. Hier eine Auswahl einiger Zitate von Wachtelhaltern aus meinem Umfeld:

Caro: „Hauptgrund für mich sind die dekorativen und gesunden Wachteleier, die ich sonst so fast nirgends kaufen kann. Zumindest die blauen Celadon-Eier habe ich tatsächlich noch nie in einem Geschäft zum Kauf gesehen."

Josefine sammelt in ihrem Wachtelstall Eier ein. Die bläulichen Eier werden nach dem chinesischen Porzellan „Celadon" genannt. Foto: Josefine Brömmelmeier

Thorsten: „Ich versuche mich da, wo es machbar ist, selbst zu versorgen. Also auch mit Eiern und der Delikatesse Wachtelfleisch. So nehme ich etwas Tierschutz selbst in die Hand und entziehe der Mast- und Legeindustrie einen Kunden."

Jürgen: „Für mich sind die Wachteln so eine Art halbes Garten- und halbes Haustier. Gestartet habe ich hauptsächlich als Bildungsprojekt für meine Enkel. Jetzt möchte ich das nicht mehr missen."

Petra: „Mit den Wachteln schufen wir uns als Familie ein ganz besonderes Gemeinschaftsprojekt. Auch wenn es mal etwas Streit gibt, finden wir an der Voliere wieder zusammen. Aktuell beginnt die Planung, nächstes Jahr zum ersten Mal selbst Küken auszubrüten."

Almut: „Mit meinem verstorbenen Mann war ich jahrzehntelang im Rassegeflügelzuchtverein. Vor fünf Jahren haben wir dann zusammen mit den wildfarbenen Wachteln angefangen, zusätzlich zu seinen großen Gänsen. Jetzt tut es irgendwie gut, das weiterführen zu können. Auch die Sozialkontakte im Verein sind mir eine Unterstützung."

Erwin: „Die Vielfalt im Rassegeflügel ist so riesig, all die verschiedenen Farben! Die Wirtschaft kümmert sich nur um die eine Linie mit der höchsten Legeleistung oder schnellsten Mast. Ich bin schon etwas stolz, dass ich privat mithelfen kann, die Farbenpracht im sogenannten Nutzgeflügel mit am Leben zu halten."

Magdalena: „Die Wachteln zu beobachten beruhigt. Sie strahlen so eine meditative Ruhe aus. Sie machen mich glücklich und ich kann die Seele baumeln lassen, wenn ich ihnen zusehe."

Ein Gruppe Wachteln macht sich über einen Salat her. V.l.n.r.: Wildfarben, wildfarben, schwarz, schwarz, weiß, dotted-white. Foto: Jeffrey Krüger

Tina: „Eigene Wachteln bedeuten für mich ein Stück Lebensqualität. Sie bereichern meinen Garten und die Voliere und Tiere sehen sehr dekorativ aus."

Linus: „Angestoßen durch die Wachteln, habe ich mich mit Stoffströmen und Nahrungsmitteln beschäftigt. Jetzt bin ich auf dem Sprung zum Vegetarier. Es fällt mir immer schwerer, ohne schlechtes Gewissen Fleisch zu essen."

Alfred: „Mit Wachteln und Hühnern bleibt man im Alter länger fit, wenn man etwas hat, worum man sich kümmern kann bzw. muss."

Bene: „Meine Hühnerzucht im Wohngebiet war ständig von einem drohenden Nachbarschaftsstreit überschattet. Phasenweise flogen sogar China-Böller auf unser Grundstück, immer nachdem der Hahn in der Mittagszeit gekräht hat. Wachteln sind für mich die Lösung, das tolle Hobby Rassegeflügelzucht fortzuführen. Mir fallen bei den Wachteln noch mindestens zehn Farbvarianten ein, die noch nicht im Verband anerkannt sind. Es macht große Freude, junge gesunde Wachtelhennen an Anfänger zu verkaufen und die leuchtenden Augen zu sehen, wenn ich Tipps gebe oder zeige, dass die Tiere

Vogelmiere schmeckt den Wachteln besonders gut.

zur Hand angelaufen kommen, wenn ich ein bisschen Grünzeug anbiete."

Wahrscheinlich erscheinen Wachteln gerade als die besseren Hühner. Aber auch die private Hühnerhaltung hat natürlich ihre Daseinsberechtigung. Dass Hühner nach dem Freilauf im Garten von ganz alleine zurück in ihren Stall gehen, ist eine angeborene Verhaltensweise, die die Hühnerhaltung recht einfach macht. Hühner sind durch ihre schlichte Größe schon sehr imposant auf einer grünen Wiese. Es gibt so viele extrem unterschiedliche Rassen und Farben. Hühner sind, genau wie Wachteln, Tiere, die uns mit ihren eigenen Charakteren Freude bereiten und unser Leben bereichern.

Allerdings macht gerade der erhöhte Platz- und Auslaufbedarf der Hühner, gekoppelt mit den möglichen Empfindlichkeiten der Nachbarn gegenüber Tiergeräuschen und potenziellen Gerüchen, eine private artgerechte Wachtelhaltung an ganz vielen Orten möglich, wo dies für Hühner nicht möglich wäre.

Zum Thema Hühnerhaltung habe ich übrigens bereits das Buch *Hühner halten für Anfänger* veröffentlicht, auf das im Anhang verwiesen wird.

Folgende gravierende Unterschiede gibt es bei Wachteln gegenüber Hühnern:

- Wachteln sind erheblich leiser. Nicht nur der Hahn, sondern auch die Hennen. Hühnerhennen machen oft rund um das Eierlegen auch schon mal ganz schön Getöse.
- Wachteln sind nicht standorttreu. Einmal in Freiheit, kommen sie normalerweise nicht zurück zu ihrem Stall. Daher müssen Wachteln sicher eingesperrt gehalten werden.
- Wachteln benötigen erheblich weniger Platz.
- Wachteln sind weniger krankheits- und parasitenanfällig.
- Wachteln ist eine mögliche Stallpflicht bei einer drohenden Geflügelpest egal. Sie sind sowieso ständig in einer Haltung, die der Stallpflicht für Hühner entspricht.
- Wachteln fressen weniger: Am Tag nur etwa 42 g gegenüber Hühnern mit 122 g. Also nur ein Drittel der Futterkosten pro Tier.
- Wachteln produzieren weniger Kot.
- Wachtelküken schlüpfen schneller: 18 Tage gegenüber 21 Tagen.
- Wachteln werden erheblich schneller erwachsen: Nach nur sechs bis acht Wochen beginnen Wachteln mit dem Eierlegen, Hühner erst ab 21 Wochen.
- Wachteln sind erheblich einfacher zu transportieren.
- Bei Wachteln gibt es keine Pflichtimpfung. Auch nicht gegen die Newcastle-Krankheit.
- Wachteln haben keine riesigen Kämme oder schlabbrige Kehllappen, die in den kältesten Frostnächten anfällig für Erfrierungen sind.
- Wachteln legen gegenüber den allermeisten Hühnerrassen von der Anzahl her mehr Eier und das auch etwas konstanter über das Jahr.
- Für die allermeisten Verköster schmecken Wachteleier besser, cremiger und intensiver als Hühnereier.
- Die meisten Menschen mit einer Hühnerei-Allergie vertragen Wachteleier gut.

- Wachteleiern werden viele gesundheitliche Vorteile zugeschrieben.
- Wachteleier kochen in der halben Zeit und mit der Hälfte des Wassers: Das ist vierfach Strom gespart. Das wird sich kaum auf dem Konto bemerkbar machen, ist aber bestens geeignet, um befreundete Hühnerhalter zu necken.

In den folgenden Kapiteln werden wir diese ganzen Punkte ausführlich besprechen. Ich habe die aktuelle Gesetzeslage überprüft und bin intensiv in die Recherche gegangen. Auch durch zahlreiche englischsprachige wissenschaftliche Publikationen habe ich mich gekämpft, um jeweils die praxisrelevante Quintessenz für uns in eine verständliche Sprache zu übersetzen.

Mit dem Wissen aus diesem Buch seid ihr bestmöglich aufgestellt, um sicher in die private und vor allem artgerechte Wachtelhaltung zu starten.

Also lasst uns nun direkt mit den wichtigsten und grundlegendsten Fragen zur Wachtelhaltung starten, bevor wir tiefer in die spannende Welt dieser entzückenden Vögel eintauchen!

2

Grundlagen der Wachtelhaltung

Weder in der aktuellen Fassung des deutschen Tierschutzgesetzes (TierSchG) noch in der deutschen Tierschutz-Nutztierhaltungsverordnung (TierSchNutzV) gibt es einen Abschnitt, der Wachteln benennt oder ihnen gewidmet ist.

Auf Europaebene gab es von 2018 bis 2020 die Initiative „Käfighaltung beenden“ (*End the cage age*):

„Hunderte Millionen von Nutztieren in der EU werden für den größten Teil ihres Lebens in Käfigen gehalten. Das verursacht großes Leid. Wir fordern die Europäische Kommission auf, diese unmenschliche Behandlung von Nutztieren zu beenden. [...] Käfighaltung ist grausam und unnötig, da eine tiergerechtere Haltung ohne Käfige rentabel möglich ist. Die Kommission wird daher ersucht, Rechtsvorschriften vorzuschlagen, wonach Folgendes verboten wird:

Käfige für Legehennen, Kaninchen, Junghennen, Masthähnchen, Legetiere, **Wachteln**, Enten und Gänse [...]“[2]

Es kamen insgesamt fast 1,4 Millionen Unterschriften zusammen, im April 2021 gab es eine öffentliche Anhörung im Europaparlament, danach wurden wissenschaftliche Gutachten in Auftrag gegeben, um Risiken für das Wohlergehen der Tierarten und Folgenabschätzungen für eine Überarbeitung der Tierschutzvorschriften vorzunehmen. Dies wurde Ende 2022 abgeschlossen. Die Kommission prüfte dann sorgfältig (*meint m. M. n. verzögernd*), wie der Übergang zu käfigfreien

---

[2] Quelle: https://citizens-initiative.europa.eu/initiatives/details/2018/000004_de (Zugriff Juli 2025)

Haltungssystemen im Agrarsektor unter Einbeziehung der Ernährungssicherheit nachhaltig wäre. Die EU-Kommission gibt an, dass dazu noch weitere Konsultationen über die Kosten, den angemessenen Übergangszeitraum und Maßnahmen bei der Einfuhr aus Nicht-EU-Staaten erforderlich sind. Auch soll die Abschaffung von Käfigen mit anderen Tierwohlmaßnahmen abgestimmt werden.

Meine Einschätzung: Weitere Verzögerung durch „gute Lobbyarbeit" der Fleisch- und Eierindustrie und gleichzeitig der Gedanke, dass Fördermittel für den Umbau von Käfigbatteriehallen fließen werden müssen. Dürfen denn auf keinen Fall die Fleischpreise für weniger Tierleid ansteigen? Geht dann die Bevölkerung auf die Barrikaden?

Im Februar 2025 verkündet die EU-Kommission ihre „Vision für Landwirtschaft und Ernährung": Dort wird angekündigt, dass die Kommission in einen engen Austausch mit den Akteuren der Landwirtschaft, der Lebensmittelkette und der Zivilgesellschaft treten wird, um dann einen Entwurf zur Überarbeitung der Tierwohlvorschriften

Wachteln in Batteriekäfigen mit abgerollten Eiern vorn. © Fatur Rm / Shutterstock.com

vorzulegen. Ein schrittweiser Abbau der Käfighaltung soll darin enthalten sein.

Mich persönlich würde es nicht wundern, wenn die neuen Tierwohlvorschriften erst 2028 vorgestellt, 2030 beschlossen und dann vielleicht 2033 ratifiziert und anschließend, also noch später, in nationale Gesetze umgesetzt werden. Mit Übergangsfristen von mindestens zehn Jahren.

Kurz: Auf EU-Ebene gibt es keine gesetzlichen Haltungsvorschriften für Wachteln. Käfigbatteriehaltung von Legewachteln ist weiterhin gestattet.

Wir können das so viel besser!

Und ein übergeordnetes Gesetz gibt es dabei doch auch in Deutschland, das die Haltung von Wachteln miteinschließt. Das Tierschutzgesetzt §1 und §2 (siehe Kasten).

Auszug aus dem Tierschutzgesetz

§1 Zweck dieses Gesetzes ist es, aus der Verantwortung des Menschen für das Tier als Mitgeschöpf dessen Leben und Wohlbefinden zu schützen. ***Niemand darf einem Tier ohne vernünftigen Grund Schmerzen, Leiden oder Schäden zufügen.***

§2 Wer ein Tier hält, betreut oder zu betreuen hat,

1. *muss das* ***Tier seiner Art und seinen Bedürfnissen entsprechend angemessen*** *ernähren, pflegen und verhaltensgerecht unterbringen,*
2. *darf die* ***Möglichkeit des Tieres*** *zu artgemäßer Bewegung* ***nicht so einschränken****, dass ihm Schmerzen oder vermeidbare Leiden oder Schäden zugefügt werden,*
3. *muss über die für eine angemessene Ernährung, Pflege und verhaltensgerechte Unterbringung des Tieres erforderlichen* ***Kenntnisse und Fähigkeiten*** *verfügen.*

Genau wie ab dem ersten Huhn ist auch die private Haltung von Wachteln beim Veterinäramt vor Ort und bei der Tierseuchenkasse des Bundeslandes anzumelden (gemäß §26 ViehVerkV und §20 TierGesG). In beiden Fällen reicht eine kurze E-Mail aus. Für die Tierseuchenkasse liegt der jährliche Mindestbeitrag bei etwa 12 Euro; dies wird in jedem Bundesland etwas unterschiedlich gehandhabt.

Eine artgerechte Wachtelhaltung ist nicht definiert, es gibt keine festen Kennzahlen und Eckpunkte. Es gibt aber allgemeine Voraussetzungen für eine artgerechte Tierhaltung: Die Tiere sollen so gehalten werden, dass ihre natürlichen Bedürfnisse und Verhaltensweisen weitgehend berücksichtigt werden. Sie sollen ausreichend Platz haben, Kontakt zu Artgenossen, die richtige Ernährung, Ruhepausen und eine der Tierart angepassten Umgebung.

In diesem Kapitel wollen wir die Punkte nacheinander durchgehen, um uns ein Grundgerüst für die artgerechte Haltung von Wachteln zu schaffen.

Ausreichend Platz

Es gibt in der Literatur Empfehlungen, dass über sechzig ausgewachsene Legewachtelhennen pro Quadratmeter gehalten werden könnten. Die Tiere in dieser Enge halbwegs hygienisch zu erhalten, ist wahrscheinlich nur in Legebatteriekäfigen mit Gitterböden, durch die der Kot fällt, möglich. Diese Käfige haben meist einen schrägen Boden, sodass die Eier von selbst nach vorn abrollen und außen entnommen werden können. Die Tiere stehen so eng, dass es für die einzelne Wachtel nur noch gerade so möglich ist, sich durch das Gedränge zum Wasser und Futter zu begeben.

Dass bei einer solch hohen Besatzdichte die Wachteln als eierproduzierende biologische Schläuche für Profit missbraucht werden, ist maximal weit entfernt von einem artgerechten Platzangebot. Auch Vorschläge von 24 Wachteln pro Quadratmeter sind nicht artgerecht. Ich persönlich möchte **bis zu 5 Wachtelhennen pro nutzbarem Quadratmeter** Stallfläche als artgerecht vorschlagen. Je nach Charakter der Tiere und der Ausgestaltung des Stalles kann dieser Wert noch leicht nach oben oder unten korrigiert werden.

Für Wachtelanfänger, die nur eine kleine Ecke auf dem Balkon für die Wachteln frei haben, gibt es einen großen Elefanten im Raum: Wie groß muss die minimale Fläche sein, die die ersten drei Wachtelhennen benötigen, damit sie artgerecht gehalten werden können? Bei

Das ist Josefines naturnah gestaltete Wachtelvoliere, die ihrem Innenstall vorgelagert ist. Foto: Josefine Brömmelmeier

Blick in ein Fach aus dem Stallturm aus Kapitel 8. Hier sehen wir einen Quadratmeter Fläche. Hinten in der Ecke links ist der Durchgang zur darunterliegenden Ebene.

lediglich 0,5 qm Fläche wird es schwierig, die im Folgenden ausgeführten Grundlagen wie Nester, Rückzugsmöglichkeiten, Sichtbarrieren, Sandbad, unterschiedliche Einstreubereiche und einen kleinen Platz zum Laufen und Aufflattern zu schaffen. Irgendwo zwischen 1 und 2 qm Grundfläche liegt der minimale Platzbedarf, um mit Wachteln zu starten.

Kontakt zu Artgenossen

Wachteln sind wie alle Geflügelarten soziale Tiere. Gruppen der Wachtel-Wildform sind allerdings nicht dauerhaft stabil zusammen. In der Brutsaison sondern sich Pärchen ab und können saisonal begrenzt monogam sein. Meist sind die wilden Wachteln polygam und nur die Henne brütet und führt die Küken. In freier Wildbahn leben Wachteln teil- und zeitweise einzeln, als Paar oder in Gruppen. Temporär kann eine Wachtel also auch allein gehalten werden, Gruppen sind aber zu bevorzugen, da die Tiere dort lebendiger wirken als in Einzelhaltung. Reine Hennengruppen funktionieren fast immer vollkommen problemlos. Wachtelhähne haben in der Natur ein eigenes Territorium, in dem ihre Paarung und Brut stattfindet. Mehr als ein Hahn, selbst in einer recht großen Voliere mit Verstecken und Sichtbarrieren, führt daher oft zu brutal aggressivem Verhalten mit schweren Verletzungen bis zum Tod von einem der Kontrahenten.

Auch sind derart gestresste Wachtelhähne den Hennen gegenüber deutlich ruppiger. Ein einzelner Wachtelhahn in einer Hennengruppe bereichert das Gruppenleben um die Verhaltensweisen Balzen, Paarung und Wachtelschlag (Krähruf). Eine paarweise Haltung mit einer Henne und einem Hahn funktioniert oft unerwartet gut. Meist zeigt sich schon in den ersten Minuten nach dem Zusammensetzen, ob das

Eine Wachtelgruppe in der Voliere. Der alte Baumstamm wird gerne als erhöhter Aussichtspunkt genutzt.

Pärchen gut miteinander harmoniert oder nicht. Die Hähne sind im Verhalten mit nur einer Henne viel gelassener und charmanter als in einer größeren Gruppe. In einem gut eingerichteten Stall kann so auch eine Naturbrut bei den Wachteln gelingen.

Nach diesen Überlegungen sind verschiedene Konstellationen von Wachtelgruppen rein als Hennengruppen oder mit einem Hahn mit Hennen denkbar. Auch eine zeitlich begrenzte Separation von einem Einzeltier ist kein Widerspruch in einer artgerechten Wachtelhaltung, sei es eine Neukauf-Quarantäne, ein Genesungsstall, eine Überprüfung und Zuordnung der Eifarbe und des Eimusters oder in Vorbereitung auf eine Rassegeflügelausstellung.

Nicht artgerecht ist allerdings die Haltung von mehreren Wachtelhähnen eingesperrt zusammen, ohne die Chance, ein eigenes Territorium für sich zu erschließen.

Angemessene Ernährung

Wachteln sollten ihren Bedürfnissen entsprechend ernährt werden. Das Thema ist so groß, dass ihm im Folgenden ein eigenes Kapitel gewidmet wird. Kurz: Wachtelhennen sollten ein Futter für Legewachteln erhalten, Wachtelküken ein Wachtelkükenfutter. Erwachsene

Die Wachteln picken ihre Gabe Grünfutter. Selbst von der ganzen Möhre sind Stunden später nur noch die Endstummel übrig.

Wachteln sollten zusätzlich Grünfutter erhalten. Es bieten sich zahlreiche frische und getrocknete Kräuter und Beikräuter aus dem Garten, Salat und Gemüse an. Gurken und Möhren können geraspelt, längs geteilt und, um gleichzeitig als Beschäftigung den Pickreiz zu befriedigen, auch im Ganzen angeboten werden. Sobald sich eine mutige und neugierige Wachtel an eine ganze Möhre traut, machen es ihr die anderen nach.

- Suboptimal sind Obst mit Fruchtzucker und Milchprodukte mit Laktose, da diese von den Wachteln schlecht verdaut werden und zu Durchfall führen können.
- Eingeweichtes Brot enthält viele Kohlenhydrate, kann damit zu Verfettung führen, Durchfall verursachen und die an dem Tag fressbare Menge an Wachtelfutter mit wichtigem Protein und anderen essenziellen Inhaltsstoffen reduzieren.
- Kerbtiere, Mehlwürmer und Soldatenfliegenlarven (lebend oder getrocknet) sind in geringen Mengen zum Zähmen und als Leckerli eine Bereicherung des Speiseplans. Die meisten dieser Futtertierchen enthalten rund die dreifache Konzentration an Protein gegenüber dem optimal zusammengestellten

Die rot-silber-gesäumte Wachtel trinkt aus einer Stülptränke. Die Tränke steht auf ihren Stelzen etwas erhöht, damit die Trinkrinne nicht so schnell verdreckt.

Bechertränken sind platzsparender als Stülptränken und können über Schläuche an größere Wasservorratsbehälter angeschlossen werden. Bei meinen Bemühungen mit diesem System waren in jedem zweiten Becher die Schwimmer oder die Nähte der Becher defekt und tropften.

Wachtelfutter für legende Hennen. Ein Zuviel an Protein über einige Zeit kann gesundheitliche Probleme wie Legenot und Legedarmvorfälle begünstigen.

- Rohe Kartoffeln, Avocados, Zitrusfrüchte, Süßes und Salziges sind für Wachteln ungenießbar bis giftig.

Als Futterbehälter bieten sich Futterautomaten an, die es in diversen Ausführungen im Fachhandel und online zu kaufen gibt. Ebenso gibt es verschiedene Arten von Trinkwasserbehältern und -systemen für Wachteln. Einfach und praktikabel sind Stülptränken. Sie nehmen gegenüber Nippel- und Napftrinksystemen im Stall zwar ein wenig Platz weg, lassen sich aber deutlich einfacher reinigen. Die zwei Teile aus Behälterkuppel und Bodentrinkrinne können bei jedem Auffüllen kurz mit einem Schwamm ausgewischt werden. Gerade bei der gelegentlichen Nutzung von Trinkwasserzusätzen wie ein wenig Apfelessig, Oreganoextrakt oder Vitaminen ist das praktikabler, als ein gesamtes Schlauchsystem auszutauschen.

Sauberes Trinkwasser sollte den Wachteln ständig zur freien Verfügung stehen.

Ruhe und Rückzugsmöglichkeiten

Das typische schreckhafte Fluchtverhalten der Wachteln ist ein bogenförmiges Auffliegen. In der Natur landen die Wachteln dann einige Meter entfernt wieder im hohen Gras. Unsere Wachteln können so auch bis zu 1,80 m hoch auffliegen, wenn sie sich erschrecken. Wenn der Stall niedriger ist, kann es beim Aufflug gegen die Decke zu Kopfverletzungen mit Genickbruch kommen. Die Deckenhöhe, in der die Wachteln beim Fluchtauffliegen die höchste Geschwindigkeit aufbauen und somit die größte Gefahr besteht, beträgt zwischen 50 cm und 1,70 m. Beim Start in den Flug springen die Wachteln ein Stück hoch und sind noch nicht so schnell, daher sind Deckenhöhen bis 50 cm in Ordnung. Eine Deckenhöhe zwischen 50 cm und 1,70 m sollte für den Stall oder die Voliere vermieden werden. Falls dies nicht möglich ist, kann an der Decke eine Schaumstoffschicht als „Airbag" angebracht werden. Nach meinen Erfahrungen tritt das Auffliegen als Fluchtverhalten bei den Japanischen Legewachteln nur noch extrem selten auf.

Als Rückzugsmöglichkeiten bieten sich in Volieren und etwas geräumigeren Ställen höhergelegene Ebenen an, die über Schrägen zu Fuß von den Wachteln erreicht werden können.

Auf den Ebenen sind sie dann in einem separaten Bereich und aus dem Blickfeld von den Wachteln auf der darunterliegenden Bodenebene. Anders als Hühner suchen Wachteln zur Nacht hin keine Schlafstangen oder Äste auf. Sie bäumen nicht auf. Auch werden die höhergelegenen Ebenen eher nicht zum Schlafen genutzt, das geschieht auf dem Boden.

Steine, Bretter, Äste, Laub und belaubte Zweige können als Strukturelemente im Stall Bereiche voneinander abtrennen und Verstecke und Rückzugsmöglichkeiten bieten. In einer Voliere mit gewachsenem Boden können auch gut lebende Pflanzen integriert werden. Hier sollte man sich entscheiden, ob die Pflanzen gefressen werden dürfen, ob sie durch Gitter oder Draht geschützt werden sollen oder die Wahl auf Pflanzen fällt, die von den Wachteln nicht gefressen werden. Ziergräser und Schilfsorten bieten sich hier an. Ist ausreichend Platz, so kann auch ein bepflanzter Pflanzkübel mit in die Voliere.

In meiner Voliere im Vorgarten führt eine Rampe zu einer Hochebene. Das Brett war anfangs zu glatt. Nachdem ich einen Streifen Kokosmatte darauf gelegt habe, nutzen die Wachteln es nun regelmäßig.

Ein Haufen Laub ist für Wachteln wie ein Abenteuerspielplatz für Kinder. Foto: Josefine Brömmelmeier

Stämme, Äste und Wurzeln sind, frisch und fast vermodert, natürliche Strukturelemente für Wachteln. Vielleicht können sie dort auch ein paar Kerbtiere picken. Foto: Josefine Brömmelmeier

Die wildfarbene Henne ist in der bepflanzten Außenvoliere kaum zu entdecken. Foto: Josefine Brömmelmeier

Nester

Die wilden japanischen Legewachteln legen sich in der Natur in sichtgeschützten Bereichen flache Mulden als Nester an. Diese werden spärlich mit Gras, Heu oder Ästchen ausgepolstert. Das ist ein einfaches Nest, das geschützt liegt, aber Fluchtmöglichkeiten in verschiedene Richtungen bietet. Hühner zeigen etwa eine halbe Stunde vor dem Eierlegen deutlich an, dass bald ein Ei kommt: Sie werden unruhig, suchen ihr Lieblingsnest und gackern zum Teil ihren „Gleich kommt ein Ei"-Song. Unsere domestizierten Wachteln zeigen dieses Verhalten nicht. Sie verlegen auch deutlich mehr Eier außerhalb der Nester, als Hühner dies tun. In Versuchen in der Schweiz wurde beobachtet, dass je nach Versuchsaufbau immerhin zwischen 27 und 89 % der Wachteleier in Nester gelegt wurden.[3]

Nester mit Heu wurden besser angenommen als mit Kunstrasenmatten. Nach oben und zu den Seiten geschlossene Kisten wurden nicht so gerne genutzt wie die baugleichen Kisten mit nach oben hin eingefügten Sichtschlitzen. Ohne das Angebot von Nestern im Wachtelstall werden die Eier bevorzugt in Ecken und im Randbereich oder hinter Strukturelementen gelegt. Die Abendstunden sind die Tageszeit, in der meistens Wachteleier gelegt werden. Es kommt aber auch den gesamten übrigen Tag und selten auch nachts zur Eiablage. Geräuschlos und zügig ist plötzlich ein Ei da. Der Henne ist dabei kaum anzusehen, ob sie einen dicken Kothaufen absetzt oder ein Ei legt; allerdings plustert sie sich schon mehr auf und macht sich breit, wenn es ein Ei ist.

Bei einer privaten artgerechten Wachtelhaltung sollte unbedingt mit dem Angebot von Legenestern (gerne selbstgebaut) experimentiert werden. Zusätzlich erleichtert das erheblich das tägliche Eiereinsammeln am Abend. Nester gehören für Wachteln in jede Haltung zwingend dazu, die das Prädikat „artgerecht" führen möchte!

---

[3] Quelle: Schmid, I. & Wechsler, B. (1998): Artgemäße Haltungssysteme für japanische Wachteln. *Agrarforschung* 5 (6), S. 277–280.

So sieht es aus, wenn eine Wachtelhenne ein Ei legt. Sie machen sich mit dem Gefieder sehr breit, sodass sie von vorn wie ein umgedrehtes Herz aussehen.

Aus Bretterresten selbstgebautes Legenest für Wachteln.

Einstreu

Fokussierte Beobachtungen[4] von Wachteln in 19 qm großen Volieren zeigten, womit Wachteln tagsüber beschäftigt sind:

- 35 % mit passivem Verhalten: Rumstehen, Sitzen, Ruhen
- 24 % mit Fortbewegung: Gehen, Rennen, Fliegen
- 14 % mit Komfortverhalten: Gefiederpflege, Sand-/Staubbaden
- 8 % Scharren und Picken
- 4 % Fressen und Trinken

Die fehlenden 15 %, um 100 % zu erhalten, waren die Wachteln für die Beobachter außerhalb der Sicht und dort wahrscheinlich auch mit allem außer Fressen und Trinken beschäftigt. Scharren und Picken nehmen also einen nennenswerten Anteil am aktiven Verhalten bei Wachteln ein. Einstreu erfüllt für Wachteln nicht nur die Funktion, dass es Gerüche und Feuchtigkeit aus dem Kot bindet. Es ist auch Beschäftigungsmaterial, um das Scharren, Picken und Suchen mit dem Schnabel zu ermöglichen.

Als Einstreumaterial für erwachsene Wachteln eignen sich verschiedene Materialien: Sand, Holzgranulat (Buchenhack), gewachsener Boden, sogenannter Waldboden (das ist kein echter Boden aus dem Wald, sondern ein romantischer Produktname für eine Art Rindenmulch), Kleintiereinstreu (Sägespäne), Heu, Stroh, Strohpellets, Leineinstreu, Kokosstreu, Volierenkies, Dinkelstreu, Pinienrinde. Für die Fußgesundheit und das Wohlbefinden der Wachteln ist es empfehlenswert, verschiedene Bereiche mit jeweils unterschiedlichen Einstreumaterialien anzulegen. Unter die Futterstellen, wo die Wachteln beim Fressen ab und an aus Gewohnheit auch scharren, können für einen guten Krallenabrieb raue Steinplatten gelegt werden. Die Einstreu sollte jederzeit scharrfähig und trocken sein. Das Nachstreuen, Säubern oder Ausmisten und Erneuern richtet sich stark nach der Besatzdichte, der Einstreu und der Mächtigkeit (Einstreuhöhe).

---

[4] Quelle: Schmid, I. & Wechsler, B. (1998): Artgemäße Haltungssysteme für japanische Wachteln. *Agrarforschung* 5 (6), S. 277–280.

Die gelb-wildfarbene Henne hat etwas in der Einstreu entdeckt.

Wachtelkot ist ein vorzüglicher Naturdünger. Auch gemischt mit der alten Einstreu. Er sollte aber erst nach einem Durchgang im Komposthaufen im Garten genutzt werden.

Einstreu darf in einer artgerechten Wachtelhaltung nicht fehlen.

Komfortverhalten

Sand- und Staubbaden ist ein Wohlfühlverhalten und dient gleichzeitig der Gefiederpflege. Beim Staubbaden sieht man den Wachteln an, auch ohne dass sie uns dabei anlächeln, dass es ihnen große Freude bereitet. Staubbaden hilft den Wachteln, eventuelle Parasiten abzuschütteln. Weiter kann der Fettgehalt im Gefieder dadurch minimiert werden. Mit der Gefiederpflege und dem Einfetten der Federn mit eigenem Fett aus der Bürzeldrüse werden die Federn aufgefrischt. Ein Staub- oder Sandbad sollte zwingend in jeder artgerechten Wachtelhaltung jederzeit zur Verfügung stehen. Nur Wachtelküken nach Kunstbrut dürfen für die ersten Wochen noch kein Sandbad erhalten, da sie den Sand mit Futter verwechseln würden und dann mit vollem Bauch verhungern könnten.

Wenn sich in einer Ecke die Chance auf direkte Sonneneinstrahlung bietet, so sonnenbaden Wachteln auch gerne. Sie legen sich auf die Seite, falten den oberen Flügel aus und strecken die Beine bei geschlossenen Augen weit nach hinten. Bei einem flüchtigen Blick kann diese seltsame Körperhaltung schon mal mit einer toten oder verletzt daliegenden Wachtel verwechselt werden. Es besteht aber kein Grund zur Sorge. Pralle Sonne im Hitzesommer sollte selbstverständlich nicht auf den Wachtelstall treffen. Aber ein Aufstellort, der morgens oder abends ein paar Sonnenstrahlen ermöglicht, ist ein Pluspunkt für das Wohlbefinden unserer Wachteln.

Die schwarze Henne bewirft sich mit geschickten Flügelbewegungen selbst mit Sand.

Der weiß-gescheckte Hahn genießt auf der Seite liegend die Nachmittagssonne.

„Artgerechte Wachtelhaltung“ auf einen Blick

- ✔ Platzangebot: bis maximal 5 Wachtelhennen auf 1 qm nutzbarer Stallfläche.
- ✔ Nutzbare minimale Fläche sollte 1 qm, besser 2 qm betragen.
- ✔ Kontakt zu Artgenossen: Wachteln sind soziale Tiere und benötigen Artgenossen; sie sollten nur begründet zeitweise einzeln gehalten werden.
- ✘ Mehrere Wachtelhähne gemeinsam eingesperrt, sind abzulehnen. Die Tiere leben im Dauerstress und ramponieren sich gegenseitig, zum Teil bis zum Tod.
- ✔ Eine den Wachteln und ihren Lebenslagen angemessene Ernährung.
- ✔ Der Stall oder die Voliere haben eine Höhe von über 1,80 m. So können Wachteln auch ohne Gefahr mal auffliegen, falls sie sich erschrecken. Höhen bis 50 cm stellen auch keine Gesundheitsgefahr beim Auffliegen dar, schränken das Verhaltensspektrum aber ein klein wenig ein.
- ✔ Es gibt Strukturelemente, die Ruhe- und Rückzugsmöglichkeiten bieten: Steine, Bretter, Äste, belaubte Zweige, Sichtbarrieren oder Ähnliches.
- ✔ Zu einer artgerechten Haltung gehören Nester für Wachteln zur Grundausstattung dazu. Auch wenn Wachtelhennen sie teilweise missachten.
- ✔ Scharrfähige Einstreu, möglichst zwei oder mehr Bereiche mit unterschiedlichem Einstreumaterial.
- ✔ Ein Sand-/Staubbad muss vorhanden sein.

Tägliche Aufgaben des Wachtelhalters

Morgens

Ein kurzer Sichtcheck, ob alles in Ordnung ist: Wachteln, Futter, Wasser. Gegebenenfalls Futter oder Wasser nachfüllen. Gerne etwas Grünzeug geben.

Je nach Zeitmanagement oder Möglichkeiten kann diese Aufgabe auch erst am Nachmittag oder Abend erledigt werden.

Zeitbedarf: ca. 3 Minuten.

Ein kurzer Blick in den Wachtelstall: Wasser noch halbvoll, Futter fast voll, Tiere wohlauf. Foto: Josefine Brömmelmeier

Nachmittags

Sichtcheck, ob alles in Ordnung ist: Wachteln, Futter, Wasser. Gerne etwas Grünzeug geben. Die Tiere bewundern und sich an ihnen erfreuen. Gegebenenfalls bei gutem Wetter einen Kaffee auf der Bank vor der Voliere trinken.

An stressigen Tagen darf diese Aufgabe erst am Abend erledigt werden, dann leider ohne Kaffee.

Zeitbedarf: 3–20 Minuten.

Kaffee am Nachmittag in der Voliere.

Abends

Eier einsammeln und Sichtcheck, ob alles in Ordnung ist: Wachteln, Futter, Wasser. Nach Bedarf Futter und Wasser auffüllen. Die Eier einsammeln und die Packung mit dem Legedatum versehen, damit später das Alter der Eier bekannt bleibt.

Zeitbedarf: ca. 10 Minuten.

So viele wunderschöne Wachteleier von einem Rundgang. Daumen hoch.

Wochenendaufgaben des Wachtelhalters

Der Stall oder die Voliere müssen raubtiersicher sein. Kontrolle möglicher Schwachstellen. Gegebenenfalls Reparaturen oder Verbesserungen vornehmen. Stichprobenartige Gesundheitschecks mit Handkontrolle (siehe Kapitel Gesundheitsvorsorge).
Zeitbedarf: 5–20 Minuten.

Monatliche Aufgaben des Wachtelhalters

Futter und Einstreu einkaufen und nagersicher einlagern. Nach Bedarf ausmisten, nachstreuen und den Kot aus dem Sand sieben. Gesundheitscheck bei allen Tieren durchführen. Nach Belieben Verbesserungen am oder im Stall durchführen: Andere oder neue Strukturelemente hinzufügen, ein neues Nest basteln, einen grünen Obstbaumzweig oder etwas Mitgebrachtes aus dem Baumarkt, Gartencenter oder vom Waldspaziergang einbringen. Schadnager bekämpfen.

Im Sommer

Zur Bekämpfung der Roten Vogelmilbe möglichst mit Kieselgur feucht sprühen, ggf. einen Kalkanstrich auftragen und Gesundheitsvorsorge betreiben. Falls notwendig, in Absprache mit dem Tierarzt das hochwirksame Medikament Exzolt gegen Milben auf Wachteln umwidmen und den Tieren verabreichen. Dieses ist zwar eine chemische Keule, wirkt aber äußerst zuverlässig gegen alle blutsaugenden Ektoparasiten. Mehr dazu im Kapitel zur Gesundheitsvorsorge.

In Hitzewochen: Falls nicht ausreichend Schatten vorhanden ist, schattige Plätze schaffen. Das geht mit einem Sonnensegel oder indem man einen oder mehrere Bäume oder hochwachsendes Schilf pflanzt. Ständiger Zugang zu Wasser ist jetzt noch lebenswichtiger als sonst. Eine Elektrolytlösung im Trinkwasser kann gegen Hitzestress helfen. Gekühltes oder gefrorenes Gemüse anzubieten, schafft zeitweise Abkühlung.

Im Herbst und oft auch im Frühjahr mausern die Wachteln, sie erneuern ihr Federkleid. Die alten Federn fallen aus und neue schieben sich aus der Haut heraus. Bei den Hennen wird dabei auch der Legeapparat erneuert und die Kalziumspeicher in den medullären Knochen werden wieder aufgefüllt. Das ist für die Wachteln sehr kräftezehrend; das Immunsystem ist geschwächt. Manchmal steht ein Tier etwas krumm und teilnahmslos abseits der Gruppe.

Bitte jetzt unnötigen Stress für die Tiere vermeiden, also die Gruppe (Sozialordnung) intakt lassen und keine neuen Wachteln integrieren, jetzt nicht ausmisten, umstallen oder die Einrichtung umdekorieren. Mit etwas Bierhefe im Futter und Vitaminen im Trinkwasser können wir die mausernden Tiere unterstützen. Die Kiele der neuen wachsenden Federn sind mit Blut gefüllt und die Haut ist empfindlicher.

Diese Henne mausert gerade. Am Flügel schieben schon die neuen Federn aus den Kielen.

Die Tiere sollten in der Mauser nicht zum Spaß angefasst und hochgenommen werden.

Ektoparasiten wären in dieser Phase besonders ungünstig, diese daher bereits im Sommer effektiv bekämpfen (siehe Kapitel Gesundheitsvorsorge).

Von Oktober bis in den Dezember hinein finden Rassegeflügelausstellungen statt. Hier werden je nach den Vorlieben und dem Vorhandensein der entsprechenden Züchter und Aussteller Rassetauben, Hühner, Enten, Gänse, Ziergeflügel und Wachteln ausgestellt. Wenn eine sogenannte Verkaufsschau angegliedert ist, können auch Tiere gekauft werden. Farbvarianten auf Fotos oder in Videos anzusehen ist zwar schön, ein viel größeres Erlebnis ist es aber, die Wachteln live auf einer Ausstellung zu beobachten. An der Kasse gibt es den Ausstellungskatalog, in dem auch eine Liste mit Kontaktdaten der Züchter von den ausgestellten Rassen abgedruckt ist. Oft kann man auch schon während der Ausstellung die Züchter treffen und Fragen zu den Tieren stellen. Jeder Züchter fühlt sich wertgeschätzt und freut sich

Eine Rassegeflügelausstellung nur für Wachteln, die Hauptsonderschau der Wachtelzüchter. In 2025 fand diese Ende September in Schleswig statt. Hinten rechts waren die Käfige mit Tieren zum Verkauf aufgebaut.

sehr, wenn er etwas zu seinen Tieren erzählen darf (gerade diejenigen, die zuerst etwas grimmig und eigenbrötlerisch dreinschauen …). Eine mögliche Vorbestellung von Wachteln, Küken oder Bruteiern darf auf jeden Fall angesprochen werden.

Im Winter

Japanische Legewachteln sind bei gutem Gesundheitszustand in einer artgerechten Außenhaltung 100 % „frosthart". In einer geschützten Voliere mit einem kleinen Häuschen können im seltenen Fall auch Temperaturen von bis zu –20 °C zeitweise verkraftet werden. Damit die Wachteln trinken können, muss die Tränke wenigstens an einer Stelle immer eisfrei sein. Bei Dauerfrost daher mit Tränkenwärmern arbeiten oder an den wenigen sehr kalten Tagen drei Mal am Tag lauwarmes Wasser in die Tränke füllen.

Im Winter legen die Wachteln deutlich weniger Eier, der Proteinbedarf ist niedriger. Für die Wärmeproduktion dürfen etwas mehr Kohlenhydrate (z. B. gebrochene Weizenkörner) gefüttert werden.

Um die Wintersonnenwende ist es nur wenige Stunden hell. Zumindest so, dass man es im Dezember bei flach stehender Sonne und Schmuddelwetter als hell bezeichnen möchte. Liegt der Stall schattig und hat kein großes Fenster, ist die aktive Wachzeit der Tiere sehr knapp, um ausreichend Nahrung aufnehmen zu können. Zusätzliches Licht kann die Wachteln unterstützen. Ich habe daher im Winter eine LED-Birne mit 11 Watt im begehbaren Wachtelstall von 8 bis 18 Uhr an. Zehn bis zwölf Stunden Licht sind eine willkommene Unterstützung zur Gesunderhaltung der Wachteln. Es wird nur wenige Eier geben. Zwölf bis vierzehn Stunden Licht entsprechen dem Gedanken, „die sollen auch schon noch ein paar Eier legen", sei es für die Zucht oder zum Verzehr. Bei über vierzehn Stunden Lichtprogramm im Winter geht es eindeutig in die Richtung, dass ein Großteil der Daseinsberechtigung der Wachteln das Eierlegen ist. Das mag jeder für sich und seine Wachteln selbst überdenken und etwas ausprobieren, womit man sich wohlfühlt und gleichzeitig die Tiere keinen gesundheitlichen Schaden davontragen. Kein Lichtprogramm im Winter kann dabei genauso schädlich sein wie zu viel: Die wilden Urwachteln würden nicht in – wie bei uns ähnlich dunklen und kalten – Japan überwintern, sondern nach Süden in ihr Winterquartier fliegen. Auch sind die domestizierten Wachteln genetisch viel stärker auf Legeleistung getrimmt und benötigen dafür und für die körpereigene Wärmeproduktion ausreichend Wachzeit, um Nahrung zu fressen und zu verdauen. Der Verdauungstrakt von Wachteln ist im Vergleich zu anderen Tieren relativ kurz, ebenso die Verweildauer; daher spielt die Tageslichtzeit hier eine große Rolle.

Um herauszufinden, ob bei den eigenen Wachteln ein Bedarf nach zusätzlichem Licht besteht, kann man ausgewählte Wachteln monatlich wiegen. Wenn sie im Winter abmagern, brauchen sie mehr Licht, um in der dadurch verlängerten Wachphase mehr Nahrung aufnehmen zu können.

Von einer Heizung und Isolation des Stalles rate ich ab: Eine Kohlmeise wiegt nur 16 g und überlebt auch unsere tiefsten Winter. Die Wachteln sind seit etwa tausend Jahren an unser Klima angepasst und Wachtelanfänger beginnen erst seit etwa zwanzig Jahren, über Heizung und Isolation für die Wachtelställe nachzudenken. Durch eine künstliche Heizung leidet der natürliche Gewöhnungseffekt an die Temperatur, der die Wachteln ausgesetzt sind, sobald sie den Bereich mit der Heizung verlassen. Das kann Krankheiten begünstigen.

Sie hätte auch im Innenstall bleiben können. Aber diese gelb-wildfarbene Wachtel möchte auch bei Schnee mal in der Außenvoliere sein. Foto: Josefine Brömmelmeier

Durch eine Isolation der Wände schwitzt der Stall im Sommer. Die Luftfeuchtigkeit, unter anderem durch den Kot und die Atemluft der Tiere, schlägt sich überall an den Wänden nieder. In der Isolation werden sich sehr gerne Mäuse, Ratten und Milben einnisten. Dort bleiben sie lange unentdeckt und man kann sie nur sehr schlecht bekämpfen.

Der Frühling ist eine sehr gute Jahreszeit, um Küken auszubrüten. Wie das gelingt, erfahrt ihr in Kapitel 9.

FAQ: Diese Fragen sollte man sich vor dem Start mit Wachteln stellen

Wenn ihr die folgenden Fragen überdacht habt und sie konkret pro Wachtel beantworten könnt, seid ihr zu 100 % bereit für den Start ins Abenteuer Wachtelhaltung.

Kaufe ich den Wachtelstall oder die Voliere oder baue ich selbst?

Für bis zu fünf Wachtelhennen reicht ein gekaufter oder selbstgebauter Stall, der nicht mehr als ein oder zwei Quadratmeter Platz einnimmt. Etwas mehr Platz ist natürlich immer auch etwas besser. Es gibt im Handel und im privaten Secondhandmark (z. B. Kleinanzeigen) brauchbare geräumige Kleintierkäfige, Boxen und Ställe, die sofort oder nach kleinen Umbaumaßnahmen als dauerhafte Wachtelbehausung nutzbar sind. Die Preise reichen von „an Selbstabholer zu verschenken" bis zu weit über 1.000 Euro. Wichtig ist, dass keine Raubtiere, auch keine Ratten oder kleine Mauswiesel, zu den Wachteln gelangen können.

Mit vierzehn spielt mein jüngstes Kind schon lange nicht mehr mit diesem Spielturm. Vorne war mal eine Rutsche. Sobald die (langweilig gewordenen) Meerschweinchen an Altersschwäche gestorben sind, wird dies eine weitere Wachtelvoliere.

Vielleicht ist noch ein Garten- oder Kinderspielhaus vorhanden, das mit wenigen Handgriffen zu einem Wachtelzuhause umgebaut werden kann. Unsere Kinder waren für die Sandkasten-Spielhaus-Kombination zu alt geworden, und so habe ich eine Seite mit OSB-Holzplatten zugemacht, zwei Seiten mit Volierendraht bespannt, auf der dritten eine große Tür gebaut und außenherum eine Fuchs-Durchgrabsicherung mit Rasenkantensteinen eingegraben. Fertig war die Voliere. Das Material für den Umbau hat etwa 50 Euro gekostet. In Kapitel 8 beschäftigen wir uns ausführlicher mit Ställen und Volieren, inklusive einer Wachtelstall-Bauanleitung für den Balkon.

Gibt es bei mir vor Ort deutlich schärfere Regelungen für die Kleintierhaltung? Ggf. kurz beim Vermieter oder dem Ordnungsamt nachfragen?

Wachteln zählen zu den Kleintieren, genauso wie Meerschweinchen, Hamster und Zwergkaninchen. Der Wachtelschlag (Krähruf des Wachtelhahns) ist deutlich leiser und für die allermeisten Hörer auch erheblich weniger nervig als das Krähen eines Hühnerhahns. Mehrere Wachtelhähne, die aufgeregt sind und dauerhaft rufen, könnten jedoch Ärger mit den Nachbarn verursachen. Ein einzelner Wachtelhahn in einer artgerechten Haltung dürfte meiner Einschätzung nach keinesfalls eine Ursache für eine gefühlte Ruhestörung darstellen. Es gibt in den Farbschlägen und auch individuell recht große Unterschiede im Dezibel-Pegel und der Schlagfrequenz bei den Wachtelhähnen. Leider kann ich derzeit nicht sicher bestätigen, ob die schwarzen Wachtelhähne mit hoher Wahrscheinlichkeit immer lauter rufen als die roten (fiktives Beispiel). Ich denke aber, dass dies züchterisch bearbeitet werden könnte. Weiter gehe ich davon aus, dass bislang noch keine Wachtelzüchter bewusst auf diese Eigenschaft selektiert haben. Meine Arbeitshypothese ist, dass die Krähanzahl sogar mit der Zutraulichkeit negativ korreliert, also sehr zahme Tiere deutlich weniger motiviert sind, durch häufiges Krähen ihr Revier abzugrenzen und Dominanz zu demonstrieren.

Wo kaufe ich Futterspender, Stülptränke, Futter, Einstreu, Kieselgur, Vitamine, Eierschachteln etc.?

Das alles gibt es im Landhandel und/oder im Onlineversand.

Woher bekomme ich meine ersten Wachteln?

Das ist leider gar nicht so einfach. Die mit Abstand beste und nachhaltigste Option ist es, direkt bei einem der **privaten Wachtelzüchter** zu kaufen. Es gibt zwar einige Zehntausende Rassegeflügelzüchter in Deutschland, die im Bund Deutscher Rassegeflügelzüchter organisiert sind, allerdings züchtet nur ein ganz kleiner Teil von ihnen Wachteln. Die engagiertesten Wachtelzüchter sind im Sonderverein der Züchter Japanischer Legewachteln organisiert.

Zu bedenken ist aber, dass Züchter nicht ständig im Übermaß Tiere ausbrüten, um dann eine eventuelle Nachfrage nach Hennen bedienen zu können. Es schlüpft im Schnitt für jede Henne auch ein Hahn, um den sich die privaten Züchter ja auch kümmern und ihn zumindest so weit großziehen, bis er (höchstwahrscheinlich) einer Küche zugeführt wird.

Junge Wachteln, frisch eingesestzt im erstmals eingerichten Wachtelbalkonturm.

Wenn man sich mit einem Züchter abspricht, legt dieser bestimmt bei der nächsten Brut gerne ein paar mehr Eier in den Brutkasten ein. Küken können dann unsortiert (das Geschlecht ist nicht bekannt) oder als junge ausgewachsene Wachteln mit etwa acht Wochen abgeholt werden. Bei allen Farbvarianten, die mit Wildfarben gekoppelt sind, ist es ab etwa drei Wochen schon bei den Jungtieren gut möglich, das Geschlecht mit einer 95 % hohen Trefferquote sicher zu bestimmen.

Es gibt Firmen, die sich auf den Tierversand auch für Privatpersonen spezialisiert haben. Nach telefonischer Auskunft (August 2025) ist ein Versand von bis zu vier Wachteln in einem Versandbehälter in Deutschland möglich. Die Tiere werden in den Transportboxen an den Fahrer übergeben und von diesem auch am Zielort ausgeliefert. Die Tiere kommen falls möglich noch am selben oder spätestens am Folgetag am Zielort an. In den Behältern muss ausreichend Futter und Wasser für 48 Stunden mit auf den Weg gegeben werden. Wasser darf in Form einer Gurke zugegeben werden. Die Transportkosten für einen Behälter mit bis zu vier Wachteln betragen etwa 80 Euro.

Verkauft! Diese gelb-wildfarbene Henne zieht mit zwei ihrer Schlupfschwestern in ein neues Zuhause.

Manche Rassegeflügelzuchtvereine veranstalten zusätzlich zu der Herbstausstellung um Ostern herum eine Zuchtstamm- und Kükenverkaufsausstellung. Wenn es Wachtelzüchter im Verein gibt, werden sehr wahrscheinlich auch Wachteln zum Verkauf angeboten.

Auf **Tierverkaufsportalen im Internet** werden immer wieder Wachteln angeboten. Hier gibt es Angebote von Züchtern, aber auch von „Vermehrern". Man kann richtig tolle Tiere bekommen, aber auch solche aus tierunwürdigen Qualhaltungen. Ein erster Indikator sind ein ausführlicher Beschreibungstext und schöne Fotos von den Tieren. In Kapitel 11 wird eine Handkontrolle beschrieben. Diese bitte vor dem Kauf mit den Tieren durchführen. Wachtelhennen dürften je nach Farbe zwischen 10 und 30 Euro kosten. Überschüssige Wachtelhähne kosten oft nur 5 Euro. Farblich ganz besondere Tiere oder solche mit vorzüglichen Ausstellungsnoten und Zuchtqualitäten können auch höhere Preise rechtfertigen.

Eine weitere Kaufoption für Wachteln sind fahrende **gewerbliche Geflügelhändler**. Diese decken meist ein Gebiet von mehreren Hundert Kilometern ab und haben Routen, auf denen sie alle paar Wochen bestimmte Parkplätze anfahren und dort „vom Wagen" Hühner und anderes Geflügel verkaufen, zum Teil auch Legewachteln. Dahinter steht eine Geflügelindustrie, die Küken oder legereife Junghennen an diese Geflügelhändler liefert. Hier sind meist Unternehmen tätig, die bestrebt sind, ihren Gewinn zu maximieren. Ob die Zuchtgruppen, Küken und Jungtiere artgerecht oder in Batteriekäfigen gehalten werden, ist unklar.

Eine weitere Option für die ersten Wachteln ist das Ausbrüten von Bruteiern. Bruteier können per Post in Deutschland verschickt werden. Die Schlupfquote an Küken aus Versandeiern ist um geschätzt 20 % beeinträchtigt gegenüber nicht transportierten Eiern, kann aber dennoch zwischen 60 und 80 % liegen. Somit können Züchter, Anbieter auf Onlineverkaufsportalen und Onlineshops, die auf Wachteln spezialisiert sind, Bruteier von ihren Zuchtstämmen zum Verkauf und Versand anbieten. Etwa die Hälfte der Küken sind Hähne, für die es spätestens ab der achten Lebenswoche eine

Exitstrategie braucht. Mehr zur Kunstbrut und Aufzucht von Wachtelküken in Kapitel 9.

Bin ich bereit, das notwendige Geld für die Wachtelhaltung zu bezahlen?

Die Anschaffungskosten belaufen sich je nach Stallselbstbau oder Kauf auf wenige Euro bis viele Hunderte Euro.

Tränke und Futterbehälter liegen bei etwa 20 Euro.

Eine Wachtelhenne kostet in der Anschaffung etwa 15 Euro.

Ein 25-kg-Sack Futter liegt zwischen 20 und 30 Euro. Da eine Wachtelhenne etwa 42 g pro Tag frisst, belaufen sich die Futterkosten pro Jahr und Wachtel auf 15,50 Euro. Bei fünf Wachteln sind es im Jahr 78 Euro. Ein 25-kg-Sack Wachtelfutter reicht bei fünf Wachteln für fast vier Monate.

Einstreu, Kieselgur, Grit und Muschelschalen, Vitamine, Utensilien, eventuelle Tierarztkosten und gegebenenfalls der Vereinsbeitrag kommen hinzu (geschätzt in der Summe zwischen 10 und 20 Euro im Monat ohne eventuelle Tierarztkosten). Sind die Wachteln angemeldet, kommt noch der Jahresbeitrag von etwa 12 Euro für die Tierseuchenkasse hinzu.

Ist die Hardware erst mal vorhanden, sind die laufenden Kosten (hauptsächlich der Sack Futter und die Einstreu) tatsächlich im Vergleich mit anderen Hobbys gering, aber vorhanden. Für die Pflege der Wachteln bekommen wir aber auch etwas zurück, das uns definitiv Geld einsparen lässt: eigene Wachteleier. Bei fünf Wachtelhennen dürfen wir im Gesamtjahr auf über 1.000 Wachteleier hoffen.

Gibt es in der Nähe einen Rassegeflügelverein mit netten Menschen, die dasselbe Hobby haben?

Viele Rassegeflügelzuchtvereine, in denen es keinen Spaß gemacht hätte, Mitglied zu sein, haben sich bereits aufgelöst. Die Vereine, die sich mit einer Webseite und einer Ausstellung in der Öffentlichkeit präsentieren, sind froh über jeden neuen Geflügelhalter und potenziellen zukünftigen Züchter, der sich aktiv am Vereinsleben beteiligen möchte. Oft gibt es Monatsversammlungen mit Themen rund um die

Geflügelhaltung, -zucht oder Ausstellung. Fragen können immer gestellt werden. Ab und an finden auch Tierbesprechungen, Hofbegehungen, Sommerfeste, Ausstellungen oder Fahrten zu Großausstellungen statt. Die Mitgliedsbeiträge der Rassegeflügelzuchtvereine belaufen sich in der Regel auf 20 bis 30 Euro pro Jahr. In diesen Vereinen ist unter anderem das Wissen vorhanden, wo der nächste geflügelkundige Tierarzt ist und ob und wo es in der Region eine Lohnschlachterei für die Hähne gibt. Als Mitglied in einem Ortsverein im Bund Deutscher Rassegeflügelzüchter (BDRG) dürfen dann auch die offiziellen Bundesringe beim Ringverteiler des jeweiligen Landesverbandes bezogen werden. Legewachteln tragen die Ringgröße 6 mm. Mit diesen Ringen dürfen die Wachteln dann auch ausgestellt werden. Die Ringe haben ihre einzigartige Kennzeichnung, anhand derer man sehr gut Buch über seine Tiere, Zucht und Abstammung führen kann. Außerdem adelt ein BDRG-Bundesring das Tier für einen möglichen Verkauf.

Die Namen der Ortsvereine beginnen meist mit den Kürzeln RGZV, GZV (Rassegeflügelzuchtverein bzw. Geflügelzuchtverein) oder KTZV (Kleintierzuchtverein Geflügel und Kaninchen), verbunden mit dem Ortsnamen. So lassen sich diese Vereine einfach über eine Internetsuche ausfindig machen.

Gibt es einen geflügelkundigen Tierarzt in der Region?

Einen Hund und ein Meerschweinchen kann in der Regel jeder Tierarzt behandeln. Mit Wachteln sind einige Tierärzte überfordert. Optimal wäre es, wenn man vor der Anschaffung der Wachteln in Erfahrung bringen kann, welcher Tierarzt in der Region fähig ist, Wachteln zu behandeln. Kauft man beim Züchter, sollte man ihn fragen, zu welchem Tierarzt er geht. Ist man einem Rassegeflügelzuchtverein beigetreten, gibt es über die alten Mitglieder hilfreiche, lustige und zum Teil auch traurige Erfahrungsberichte zu den mehr oder weniger geflügelkundigen Tierärzten in der Region.

Wo kann ich das Futter und die Einstreu mäusesicher lagern?

Zum Beispiel im Haus oder in dicht verschließbaren Tonnen oder Truhen in Stallnähe.

Woher bekomme ich den Impfstoff für die Newcastle-Pflichtimpfung?

STOPP! Wachteln gehören zwar zur Ordnung der Hühnervögel (genau wie z. B. Fasane), sind aber mit diesem Satz in der Verordnung gegen die Geflügelpest und die Newcastle-Krankheit (Bekanntmachung 2005) NICHT gemeint: §7 (1) „Der Besitzer eines Hühner- oder eines Truthühnerbestandes hat die Tiere seines Bestandes durch einen Tierarzt gegen die Newcastle-Krankheit impfen zu lassen." Hier sind tatsächlich nur Hühner und Truthühner gemeint. Im Gesetzestext werden Wachteln, Fasane, Enten und Gänse an anderen Stellen präzise bezeichnet, wenn diese gemeint sind. Der Wachteln inkludierende Begriff Geflügel wird an dieser Stelle nicht verwendet. Weiter heißt es in §5 (2): „Gegen die Newcastle-Krankheit darf nur mit Impfstoffen geimpft werden, die [...] den Kriterien für Impfstoffe für Routineimpfungen [...] entsprechen." Der Newcastle-Impfstoff, der normalerweise für Hühner verwendet wird, **ist NICHT für Wachteln zugelassen**. Ich habe leider von verschiedenen Personen glaubhafte Berichte von (nun ehemaligen) Wachtelhaltern, die es vermeintlich gut meinten und ihre Wachteln zusammen mit den Hühnern impfen wollten: **In den Tagen nach der Newcastle-Impfung starb der größte Teil ihrer Wachteln**.

Kurz:

Es gibt keine Gesetzesgrundlage, die besagt, dass Wachteln gegen die Newcastle-Krankheit geimpft werden müssen. Zusätzlich ist nach meinem Kenntnisstand auch kein für Wachteln in Deutschland zugelassener Impfstoff vorhanden.

Wer kann sich außer mir bei Bedarf (Dienstreise, Urlaub, Krankheit) mal um die Wachteln kümmern?

Mit der Anschaffung von Tieren verpflichtet man sich, gewissenhaft die Verantwortung für die Pflege dieser Lebewesen zu übernehmen. Wenn man mehrmals im Jahr verreist, sind Wachteln wahrscheinlich keine gute Idee. Ab und an können aber sicher z. B. Familienmitglieder,

Nachbarn, Freunde oder Geflügelfreunde aus dem Verein zeitweise die Pflege der Wachteln übernehmen.

Kann ich im Notfall eine schwer leidende Wachtel erlösen oder kenne ich jemanden, den ich auch Samstagabend darum bitten kann?

Leider gibt es schlimme Krankheiten und Verletzungen ohne reale Chance auf Genesung. Die Tiere sollten sich nicht unnötig länger quälen müssen, bis sie von selbst sterben. Wir Halter sind dann in der Pflicht, das Leiden zügig zu beenden. Dies kann, genau wie der erste Schritt beim Schlachten, mit dem Abtrennen des Kopfes vom Hals geschehen. Dafür reicht eine stabile scharfe Schere aus. Vom Rücken aus im Nacken angesetzt, reicht ein kräftiger schneller Schnitt aus. Das Tier ist dann sofort tot – allerdings gibt es noch Restsignale in den Nerven des kopflosen Körpers, sodass es noch (gefühlt sehr lange) 20 Sekunden zu einem Flattern der Flügel oder Bewegen der Beine kommen kann. Daher den Körper mit der anderen Hand gut festhalten. Hat man dies noch nie getan, erfordert es eine gehörige Portion Überwindungskraft. Ist man dazu nicht in der Lage, sollte man jemanden haben, den man darum bitten kann.

Die Wachteleinstreu mit Kot ist ein pflanzennährstoffreicher Ausgangsstoff für einen vorzüglichen Kompost im nächsten Frühjahr.

Wo deponiere ich den Mist der Wachteln?

Der Kot und die alte Einstreu der Wachteln können auf die Dauer einiges an Volumen produzieren. Ein kleiner Komposthaufen ist schnell gefüllt. Ich sehe es allerdings weniger als Entsorgung von Abfall, sondern als nährstoffreiche Anreicherung der anderen Kompostkomponenten Blätter, Äste und Strauchschnitt.

Was kommt bei einem Ausbruch der Geflügelpest in meiner Region auf mich und meine Wachteln zu?

Die Geflügelpest wird in Kapitel 11 detailliert besprochen. Da die Geflügelpest-Viren potenziell auch zu einer für Menschen gefährlich werdenden Seuche mutieren könnten, gibt es strenge gesetzliche Regelungen im Umgang mit der Geflügelpest. Die Veterinärämter vor Ort haben die Macht, im Falle eines Ausbruchs der Geflügelpest in der Region eine Stallpflicht für alle Hühner und sämtliches weiteres gehaltenes Geflügel, inklusive Wachteln, zu verordnen. Als „im Stall" gilt im Sinne der Verordnung auch, wenn man einen Außenbereich nach oben hin überdacht und zu den Seiten hin mit einem Netz gegen Wildvögel gesichert hat. Wachteln sind nicht besonders standorttreu. Im Freilauf würden sie abends nicht in den Stall zurückgehen. Einmal erschreckt, könnten sie auch kurz einen 1,80 m hohen Zaun überfliegen. Schnell wären sie Beute für freilaufende Katzen, Ratten, Marder, Waschbären, Hunde oder Füchse. Daher halten wir Wachteln dauerhaft in Ställen und Volieren, die nach der Geflügelpestschutzverordnung den Anforderungen der Stallpflicht entsprechen. Wachtelhalter brauchen sich demnach fast keine Gedanken um eine mögliche Geflügelpest zu machen.

Bin ich bereit, meine Wachteln beim Veterinäramt anzumelden und einen kleinen Beitrag in die Tierseuchenkasse zu zahlen?

Genau wie jeder private Hühnerhalter in Deutschland ist auch jeder Wachtelhalter schon ab der ersten Henne verpflichtet, sich beim Veterinäramt vor Ort anzumelden und bei der Tierseuchenkasse seine Tierhaltung zu registrieren. Beides ist meist mit einer einzigen

Eine hübsche pastell-wildfarbene Wachtel. Foto: Josefine Brömmelmeier

formlosen E-Mail an das Veterinäramt erledigt, die die Meldung an die ländereigene Tierseuchenkasse weiterleitet. In Niedersachsen bezahle ich den Mindestbeitrag von 12,50 Euro und bin damit im Falle eines Ausbruchs der Geflügelpest bei meinen Hühnern oder Wachteln abgesichert, dass die Tierseuchenkasse für mich die Kosten der Keulung, Tierkörperbeseitigung, Desinfektion des Stalles und Auslaufes sowie die Kosten für Ersatztiere übernimmt.

Wenn ihr euch ausführlich und ehrlich Gedanken zu diesen Punkten gemacht habt und immer noch begeistert seid von der eigenen Wachtelhaltung, habt ihr den ersten Schritt erfolgreich gemeistert. Nun geht es darum, vertiefendes Wissen über Wachteln zu erlangen, um ihnen ein möglichst angenehmes Leben zu schenken. Lasst uns also direkt weitermachen!

3

Geschichte und Ursprung der Wachtel

Um zu verstehen, wie stark Umweltveränderungen auf die Tierwelt wirken können und wie aus Dinosauriern letztendlich Wachteln wurden, fangen wir nicht bei Adam und Eva oder den Römern an. Nein. Wir beginnen noch sehr viel früher! Gönnt mir, Dr. rer. nat. Benedikt Sauer, diesen kondensierten Exkurs aus meinem Paläontologiestudium.

Die ältesten bislang bekannten fossilen Spuren von Lebewesen sind fast so alt wie unsere Erde selbst. In Warrawoona, Australien, gibt es dreieinhalb Milliarden Jahre alte Stromatolithen-Gesteine, die eindeutig auf mikrobielles Leben hinweisen. Vermutlich waren das mal

Ein gebänderter Eisenerzfelsblock in Westaustralien. Die Bänderung entsteht, weil zeitweise schon freier Sauerstoff (rostrote Eisenerzschicht) im Ozean vorhanden und zeitweise auch wieder nicht vorhanden war. © Hans Wismeijer / Shutterstock.com

Schleimmatten von Bakterien (Biofilme). Mutmaßlich waren auch schon sauerstoffproduzierende Cyanobakterien mit dabei. Im **Archaikum** vor mehr als zweieinhalb Milliarden Jahren gab es keinen freien Sauerstoff in den Ozeanen und schon gar nicht in der Atmosphäre. Den Übergang ins nächste große Erdzeitalter, dem Proterozoikum, markieren die ältesten gebänderten Eisenerzschichten (2,5 Mrd. Jahre). Sie erzählen uns vom ersten freien Sauerstoff, denn nur zusammen mit Sauerstoff konnte zuvor gelöstes Eisen aus dem Meerwasser ausfallen und Gesteinsschichten bilden. So haben sich die heute für uns weltweit wichtigsten Eisenerzlagerstätten gebildet.

Für die meisten der damaligen Lebewesen war freier Sauerstoff giftig. Diese biologisch verursachte massive Umgestaltung der Atmosphäre wird in der Wissenschaft als die „Große Sauerstoffkatastrophe" bezeichnet. Klimawandel und Massenaussterben schon in der Erdurzeit: Die Evolution machte einen Schritt.

Von den dann folgenden zwei Milliarden Jahren wissen wir nicht viel, vielleicht musste sich die Erde erst mal etwas erholen und neu aufstellen. Eventuell gab es eine fast ewig andauernde Eiszeit (Snowball Earth), weil der freie Sauerstoff in der Atmosphäre das wirksame Treibhausgas Methan zu Wasser und Kohlendioxid umwandelte ($2\ O_2 + CH_4 \rightarrow 2\ H_2O + CO_2$). Methan ist um ein Vielfaches (etwa Faktor 28) klimawirksamer als Kohlendioxid. Die Gesteinsschichten aus dieser Zeit, dem **Proterozoikum** (2,5 Mrd. bis 540 Mio. Jahre) sind im Vergleich zu dem, was dann folgte, extrem langweilig.

Das Erdzeitalter **Kambrium** (540 Mio. bis 485 Mio. Jahre) ändert alles. Der Wechsel von öde zu aufregend beginnt mit einem Wunder: Der „Kambrischen Explosion des Lebens" vor 540 Millionen Jahren. Plötzlich finden Geologen in den Sedimentgesteinen ab diesem Zeitpunkt fossile Vorfahren von fast allen Tiergruppen. Vermutlich war, erst ab da, massenhaft biologisch verfügbares Kalzium der große Evolutionstreiber. Erst mit Kalziumkarbonat wurden mehr mehrzellige Lebewesen bessergestellt; Schalen, Zähne und Skelette waren nun möglich.

Vor 485 Millionen Jahren beginnt das **Ordovizium**, in dem zuerst die Pflanzen an Land gingen. Ganze 100 Millionen Jahre später, erst gegen

Trilobiten *Acadopa-radoxides* aus dem Kambrium. © Paolo Gallo / Shutterstock.com

Das wahrscheinlich berühmteste Fossil jemals: Der Urvogel Archaeopteryx aus Juragestein, gefunden in Süddeutschland. © tolobalaguer.com / Shutterstock.com

Ende des **Devon** (420 Mio. bis 360 Mio. Jahre) waren die Tiere bereit, die Landoberfläche zu bevölkern. **Trias, Jura und Kreidezeit** bilden das Mesozoikum (250 Mio. bis 66 Mio. Jahre), das Zeitalter der Dinosaurier.

Der Urvogel Archäopteryx (150 Mio. Jahre alt, Jura) wurde 1861 in der Fränkischen Alb in Süddeutschland gefunden. Dieses Tier vereint Merkmale von modernen Vögeln mit denen von Dinosauriern.

Erdgeschichtliche Geschwister der Urvögel sind die Raptoren, Cousins die riesigen Raubsaurier à la *Tyrannosaurus Rex*. An der Kreide-Paläogen-Grenze in den Gesteinsschichten finden Wissenschaftler weltweit eine Iridium-Anomalie. Diese deutet auf den verheerenden Meteoriteneinschlag hin, der dem Zeitalter der Dinosaurier ein Ende setzte.

Seltsam, dass viele nach wie vor von einem Gesamtaussterben der Dinosaurier ausgehen. Vielleicht, weil im ersten Film Jurassic Park keine befiederten Dinos vorkamen? Erst Jahre später wurden immer wieder Dinosaurierskelette mit Befiederung gefunden, z. B. ein *Raptor* aus China.

Es ist wissenschaftlich belegt, dass Vögel eine Fortentwicklung aus Dinosauriern sind. Genau wie frühe Säugetiere haben die Vögel das **Massenaussterben vor 66 Millionen** Jahren überlebt.

Ein Raptor, *Microraptor gui*, mit Federn an den Armen. Gefunden in Gesteinen aus der Kreidezeit. © Natursports / Shutterstock.com

Biologische Systematik der Wachteln und Hühner

	Wachteln	Hühner
Klasse:	Vögel (*Aves*)	
Unterklasse:	Neukiefervögel (*Neognathae*)	
Ordnung:	Hühnervögel (*Galliformes*)	
Familie:	Fasanenartige (*Phasianidae*)	
Gattung:	Erdwachteln (*Coturnix*)	Kammhühner (*Gallus*)
Art:	Wachteln (*Coturnix coturnix*)	Bankivahuhn (*Gallus gallus*)
Unterart:	Europäische Wachtel (*C. c. coturnix*) Japanische Wachtel (*C. c. japonica*) Afrikanische Wachtel Ussuri-Wachtel (*C. c. ussuriensis*) **Domestizierte J. Legewachtel (*Coturnix japonica domestica*)**	Haushuhn (*Gallus gallus domesticus*)

Bei den Wachteln haben sich zahlreiche Unterarten entwickelt. Sie unterscheiden sich stark in der Gefiederzeichnung und in ihren Ansprüchen. Einige tragen einen schmückenden Schopf auf dem Kopf.

Europäische Wachtel, Feldwachtel, Coturnix coturnix. © Erni / Shutterstock.com

Manche können als Ziervögel in einer Voliere gehalten werden. Aber keine sind so gut für Anfänger geeignet wie die domestizierten Japanischen Legewachteln.

Europäische Wachtel, Feldwachtel, *Coturnix coturnix*

Sie ist mit 90–110 g etwas kleiner und deutlich stressempfindlicher als die Japanische Wachtel. Die Europäische Wachtel ist von der Farbe her wie die wildfarbenen Japanischen Wachteln. Sie ist ein Zugvogel, der im Winter in den Süden fliegt. Die Haltung eines Pärchens kann in einer geräumigen und gut eingerichteten Voliere funktionieren.

Berghaubenwachtel, *Oreortryx pictus*

Die Herkunft der Berghaubenwachtel sind Gebirgsregionen in den westlichen USA. Sie tragen einen beeindruckend langen Schopf und wiegen 190–290 g. Im Winter können sie problemlos in einer geräumigen Außenvoliere gehalten werden. Besser als Pärchen und mit ausreichend Erfahrung in der Wachtel- und/oder Ziervogelhaltung halten. Die Jungtieraufzucht kann etwas schwieriger sein.

Kalifornische Schopfwachtel, *Callipepla californica*

© Layne V. Naylor / Shutterstock.com

Die Heimat der Kalifornischen Schopfwachtel sind die USA. Sie wiegen 175–205 g. Beide Geschlechter tragen eine pinselartige Feder-haube. Sie leben am Boden, schlafen in Bäumen und können ganzjährig in einer geschützten Außenvoliere gehalten werden. Sie sind aber leicht zu stressen und schreckhaft. Paarhaltung.

Blauschuppenwachtel, *Callipepla squamata*

© Dirk M. de Boer / Shutterstock.com

Die Heimat der Blauschuppenwachtel sind Mexiko und die USA. Sie wiegen 150–200 g. Sehr schöne schuppenartige Zeichnung. Überwinterung frostgeschützt oder in Innenräumen. Paarhaltung. Territorialverhalten auch anderen Vögeln gegenüber.

Chinesische Zwergwachtel, *Synoicus chinensis*

© assoonas / Shutterstock.com

Die Chinesischen Zwergwachteln sind mit nur etwa 50 g deutlich kleiner und leichter als die Japanischen Wachteln. Sie leben monogam, sollten daher zwingend als Pärchen gehalten werden. Es gibt viele Farbvarianten. Es gibt Berichte, dass diese in China schon sehr lange beliebten Ziervögel im Winter in den Rocktaschen mitgenommen wurden, um sich an ihnen die Hände zu wärmen.

Harlekinwachtel, *Coturnix delegorguei*

© Jo-anne Hounsom / Shutterstock.com

Die Harlekinwachteln haben ihre natürlichen Habitate in Afrika. Sie wiegen etwa 50–95 g und benötigen ein frostfreies Winterquartier. Haltung paarweise. Der Hahn hat einen relativ lauten Ruf.

Baumwachtel, Virginiawachtel, Bobwhite Quail, *Colinus virginianus*

© Danita Delimont / Shutterstock.com

Die Heimat der Baumwachteln ist Nordamerika. Sie wiegen 130–250 g. Kurzer kräftiger Schnabel. Paarhaltung. Verschiedene Farbschläge sind vorhanden. Können zusammen mit Sittichen, Kanarienvögeln oder Zebrafinken gehalten werden. Ein normaler deutscher Winter sollte in einer Außenhaltung möglich sein.

Straußwachtel, *Rollus roulroul*

© HedvikaMichnova / Shutterstock.com

Straußwachteln haben ihr natürliches Habitat in tropischen Regenwäldern in Südostasien. Es sind beeindruckend aussehende Wachteln. Sehr anspruchsvoll und empfindlich in der Haltung. Sie benötigen Wärme und tropische Luftfeuchtigkeit. Daher leider nur für Zoos und absolute Ziervogel-Profis. Gruppenhaltung.

Montezumawachtel, *Cyrtonyx montezumae*

© Robert Shupak / Shutterstock.com

Die Herkunft der Montezumawachteln ist Arizona bis Mexiko. Sie wiegen 120–230 g. Wunderschön gezeichnet. Frostfreie Überwinterung notwendig, besser noch bei 10 °C. Gruppenhaltung.

Aus der biologischen Systematik heraus betrachtet, sind die Wachteln und Hühner zwar verwandt, unterscheiden sich aber schon auf der Gattungsebene voneinander. Dennoch ist es in einem Experiment mittels künstlicher Befruchtung gelungen, wenige Wachtel-Huhn-Hybride auszubrüten.[5] Es schlüpften nur Hähne. Diese waren unfruchtbar und sahen aus wie überdimensionierte Wachtelkörper (ohne Kamm und Kehllappen) auf stämmigen Hühnerbeinen.

Für die Haushühner gibt es vier Arten von wilden Kammhühnern, die als Kandidaten für die ersten domestizierten Urhühner infrage kommen. Das sind das Sonnerat-, das Lafayett-, das Gabelschwanz- und

---

[5] Damme, K. (1991): Gattungskreuzung zwischen dem Haushuhn (*Gallus domesticus*) und der Wachtel (*Coturnix coturnix japonica*). *Archiv für Geflügelkunde* 55(3), 127–129.

das Bankivahuhn. Lange Zeit wurde das Bankivahuhn als einziger Urahn unserer heutigen Hühnerrassen gehandelt. Neue genetische Forschungsergebnisse zeigen aber, dass noch mindestens eine weitere wilde Hühnerart in den heutigen Haushühnern steckt.

Wie verhält sich das bei den Japanischen Legewachteln?

Im Alten Ägypten gibt es eine Hieroglyphe, die eine Wachtel bzw. ein Wachtelküken darstellt. Der Laut, den es symbolisiert, ist eine Art „W“ oder „U“, also sehr nah an dem, was wir in dem englischen Begriff für Wachtel, nämlich „quail“ sprechen. Faszinierend! Auch ist archäologisch bestätigt, dass die Arbeiter beim Bau der Pyramiden zum Teil mit Wachteln versorgt wurden.

Sogar im Alten Testament werden Wachteln genannt. Frei wiedergegeben nach der Bibel Einheitsübersetzung 4. Moses 11,32: „Nach dem Aufbruch aus Ägypten wurden die Israeli von Gier gepackt, sie begannen zu weinen und sagten: Wenn uns doch jemand Fleisch zu essen gäbe! Wir denken an die Fische, die wir in Ägypten umsonst zu essen bekamen. Doch jetzt immer nur Manna. Mose hörte das Volk weinen und sagte zum HERRN: Warum warst du so böse? Woher soll

Eine Gruppe Bankivahühner auf Thailand. © KC-BIRDER / Shutterstock.com

ich für dieses ganze Volk Fleisch nehmen? Da sprach der HERR zu Mose: Heiligt euch für morgen, dann werdet ihr Fleisch zu essen haben. Denn ihr habt dem HERRN die Ohren vollgeweint! Ihr werdet so viel Fleisch bekommen, bis es euch zur Nase herauskommt und ihr euch davor ekelt. Darauf erhob sich ein Wind vom HERRN her und trieb Wachteln vom Meer herüber. Er warf sie auf das Lager, ungefähr zwei Ellen hoch lagen sie auf dem Erdboden. Da stand das Volk auf und sammelte die Wachteln ein. Sie hatten das Fleisch noch zwischen den Zähnen, da entbrannte der Zorn des HERRN und er schlug das Volk mit einem sehr schweren Schlag. Dort begrub man das gierige Volk und brach nach Hazerot auf." Wer hätte einen solch krassen Plot-Twist in der Bibel erwartet? Ein Gott, der ausrastet, weil ihm sein Volk „die Ohren vollgeweint hat". Tststs ...

Mit diesem Schild begrüßt der ägyptisch-koptische Bischof Damian die Besucher des Klosters Brenkhausen: Oberste Zeile ist die koptische Schrift, in der Mitte die alten ägyptischen Hieroglyphen und darunter die Übersetzung.

Die Wachteln im Alten Ägypten und in der Bibel sind die Europäischen Wachteln (*C. c. coturnix*), die als Zugvögel ihre Winterquartiere unter anderem im Norden Afrikas, also auch Ägypten haben. Da auch die wilden Wachteln mit ihrem Körperbau keine ausgesprochenen Langstreckenflieger sind, machen sie oft Pause und sind dann am Zielort erschöpft. Dort angekommen, konnten sie von den hungrigen Menschen relativ einfach eingesammelt werden. Wenn es zu viele waren, um sie sofort zu verzehren, wurden einige sicher auch in Käfige gesteckt. Es gelang aber bislang nicht, die Europäische Wachtel über

Generationen in Gefangenschaft zu halten und zu domestizieren. Die Europäische Wachtel scheidet damit als Urwachtel für unsere Legewachteln aus. Leider wurde mir die Pointe sowieso schon durch den Namen „Japanische Legewachtel“ vorweggenommen.

Es gibt Hinweise, dass bereits 770 v. Chr. in China die dort ebenfalls wildlebenden Japanischen Wachteln als Ziervogel und für Hahnenkämpfe teil-domestiziert wurden. Auch bereits für das Alte Griechenland und Rom sind Wachtelhahnenkämpfe dokumentiert. Dort vermutlich mit Wildfängen der Europäischen Wachtel.

Im 11. Jahrhundert n. Chr. wurde die Japanische Legewachtel in Japan erfolgreich domestiziert. Chinesische Wissenschaftler führen indes Indizien und Argumentationen an, die die Domestikation der Japanischen Wachtel nach China verorten sollen. Es ist tatsächlich nicht ausgeschlossen, dass bereits domestizierte Linien im kulturellen Austausch aus China oder Korea nach Japan importiert wurden. In Japan wurden die Wachteln dann jahrhundertelang hauptsächlich als Singvögel gezüchtet und gehalten. Es gab nachweislich Gesangswettbewerbe mit Wachteln mit sehr schönen und außergewöhnlichen Stimmen.

Wachtelfleisch und Eier wurden auch in Asien schon seit vielen Jahrhunderten als Lebensmittel und Medizin verwendet. Überraschenderweise aber erst viel später, etwa 1910, begann in Japan die gezielte Selektion auf hohe Eierproduktion. 1940 existierte dann eine aufblühende Wachteleierindustrie. Traurigerweise sollen während des Zweiten Weltkrieges alle Gesangswachteln und die meisten Eierproduktionslinien in Japan ausgelöscht worden sein. Nach dem Krieg wurde die Wachteleierindustrie in Japan mit den wenigen verbliebenen Tieren und zusätzlichen Linien aus Korea, China und Taiwan sowie Wildfängen wiederaufgebaut. Bislang wird davon ausgegangen, dass sämtliche heutige Linien der Japanischen Legewachtel auf diese Nachkriegswachteln aus Japan zurückgehen.

Es wäre zu schön, wenn das Gesangstalent der Japanischen Legewachteln nicht unwiederbringlich ausgelöscht wäre. Möglicherweise schlummert es noch versteckt in unseren Tieren. Bitte, liebe Hobbyhalter und -züchter: Achtet ab und an mit wachsamen Ohren

Diese gelb-wildfarbene Henne wollte nicht auf dem Rasen fotografiert werden. Kaum abgesetzt, hat sie angefangen, nach ihren Freundinnen zu rufen.

auf Gesangsanomalien bei euren Wachteln und berichtet von Auffälligkeiten. Gerne als Youtube-Short und markiert mich mit *@worldofwachtel*, danke!

Zu Jagdzwecken gab es von 1870 bis 1950 in den USA zahlreiche Auswilderungsversuche der domestizierten Japanischen Wachtel. Alle diese in Nordamerika freigelassenen Wachteln konnten sich nicht etablieren und waren innerhalb eines Jahres verschwunden. Einzig in den 1940er Jahren gelang es, auf Hawaii Populationen der domestizierten Japanischen Wachtel zu etablieren.

Spätestens ab dem Ende der 1950er Jahre fanden die Legewachteln aus Japan dann weltweit größer werdendes Interesse. Etwa zehn Jahre

Viele Hundert Millionen Wachteln werden weltweit in Batteriekäfigen gehalten. Die Hennen stehen dicht gedrängt auf schrägem Gitter, durch das der Kot fällt und die Eier nach vorn abrollen. © Ardye / Shutterstock.com

danach wurde die Wachtel aufgrund ihres schnellen Reproduktionszyklus und ihrer vergleichsweise geringen (nicht artgerechten!) Haltungsansprüche als Versuchstier fürs Labor und Modelltier für Nutzgeflügel entdeckt und verbreitet. Vorreiterland waren hierbei die USA. Wissenschaftlich ist die Japanische Wachtel daher im Vergleich zu anderem Geflügel (mit Ausnahme von Hühnern) schon sehr gut erforscht.

Weltweite Statistiken zur Anzahl der Lege-, Mast-, Labor- und Hobbywachteln existieren nicht. Schätzungen zufolge sind es insgesamt etwa 1,4 Milliarden Japanische Legewachteln. China ist mit großem Abstand der Hauptproduzent von Wachtelfleisch und -eiern: Etwas über eine Milliarde Mastwachteln werden jedes Jahr in China geschlachtet.

Und ich fragte mich gestern noch, ob meine dreißig Wachteln, über vier Volieren und zwei Ställe verteilt, schon (zu) viel wären? NEIN! Jede privat und möglichst artgerecht gehaltene Wachtel ist ein Gewinn und eine sehr gute Idee.

Meine sechs Quadratmeter große Wachtelvoliere. Links die Rampe zur Hochebene. Darunter verschiedene Einstreubereiche, Baumstammstücke, Äste, ein Pflanzkübel mit Oregano und Vogelmiere, selbstgebaute Nester, Futter- und Wasserspender.

Im folgenden Kapitel schauen wir uns an, was für eine besondere Anatomie die Evolution mit den Vögeln und insbesondere den Wachteln hervorgebracht hat. Dabei ergeben sich Handlungsempfehlungen, die aus Säugetiersicht im ersten Moment ungewöhnlich erscheinen.

4

Anatomie

Mit Kenntnissen in der Anatomie unserer kleinen Hühnervögel erschließen sich einige Bedürfnisse und Verhaltensweisen viel einfacher. An vielen Stellen wird das Warum klar: Grit wird nicht mehr nur widerwillig gekauft, weil der Verkäufer uns dazu geraten hat, sondern uns ist klar, dass Grit im Muskelmagen die Funktion der Zähne ersetzt und wichtig für die Verdauung ist. Bei einer Handkontrolle inklusive Befühlen und Sichten lässt sich besser beurteilen, was völlig normal ist und was ein gesundheitliches Problem andeutet oder eventuell sofortiges Handeln erfordert. Im Austausch mit

Unterschiedliche Federn von Wachteln. Die langen asymetrischen Federn sind Flugfedern. Die kielsymmetrischen Federn erfüllen andere Funktionen.

Etwa 120-fache Vergrößerung von Federästchen mit Hackenstrahlen einer Flugfeder einer Wachtel.

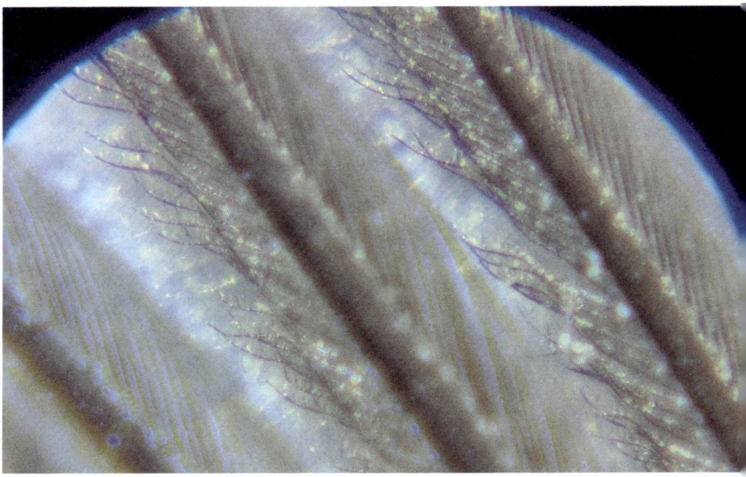

Wachtelfreunden oder dem Tierarzt wird dic Kommunikation auch erleichtert, wenn wir mit den entsprechenden Vokabeln sicher umgchen können.

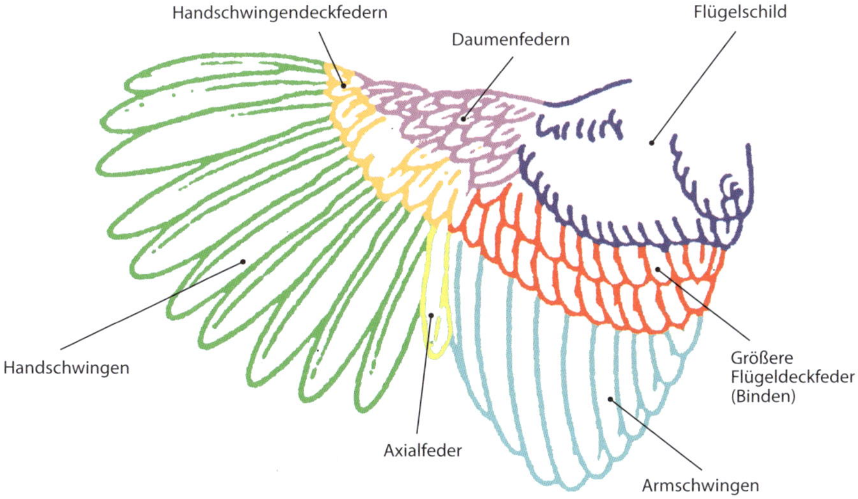

Die Bezeichnungen der unterschiedlichen Flügelfedern.

Beginnen wir außen. Die Federn sind ein nervenloses Keratingebilde, das über den Kiel mit der Haut verbunden ist. Am Kiel sitzen die beiden Federfahnen. Bei Flugfedern sind diese asymmetrisch. Die Fahnen werden durch zahlreiche Federäste gebildet, die durch kleine Widerhaken verbunden sind.

Der aufgefächerte Flügel einer silber-wildfarbenen Wachtel.

Das **Federkleid erfüllt mehrere Funktionen**. Es wirkt wärmeisolierend und schützt die Vögel vor kleinen Verletzungen, Kälte, Regen und direkter Sonnenstrahlung. Federn ermöglichen das Fliegen. Mithilfe der Federn können sich Vögel mit Farben und Mustern ausstatten, sei es zur Tarnung oder zur Schaustellung ihrer prächtigen Vitalität. Das Gefieder wird auch für die visuelle Kommunikation genutzt.

Eine Erneuerung der Federn wird als **Mauser** bezeichnet. Das findet mehrfach im Leben einer Wachtel statt. Es startet mit dem Küken-Daunengefieder, dann folgt das Jugendgefieder und mit etwa neun bis zwölf Wochen das erste voll ausgereifte Erwachsenengefieder.

Meist nach der ersten richtig kalten Nacht im Herbst mausern die Wachteln dann erneut: Das mittlerweile etwas verschlissene Gefieder wird erneuert, damit es gut durch den kalten Winter geht. Die Maskenzeichnung, das ist die markante Zeichnung des Kopfes, kann je nach Farbvariante, Zuchtlinie und Paarungsaktivität in ihrer Intensität stark wechseln, eine sogenannte Teilmauser.

Anfang Oktober ist diese braun-wildfarbene Henne in der Mauser.

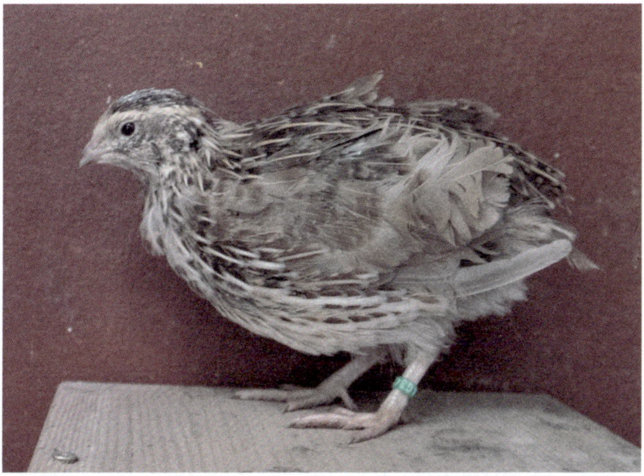

Ein gelb-wildfarbener Hahn mit markanter Maskenzeichnung. Dunkler Halsring und weißes Kehlband.

Bei Wachteln aus dem Vorjahr gibt es meist auch im Frühjahr eine Mauser. Während und nach der Mauser liegen natürlich viele alte Federn lose in der Einstreu. Das ist normal. Schieben die neuen Federn aus der Haut heraus, so sind sie voll durchblutet und die Tiere berührungsempfindlicher.

Es wäre gut, wenn die Tiere während der Mauser nur in die Hand genommen und festgehalten werden, wenn dies auch notwendig ist.

Bei manchen Tieren passiert die Mauser fast völlig unbemerkt, anderen sieht man es deutlich an. Der Vorgang ist kräftezehrend. Zusätzliche Gaben von Protein und Aminosäuren für die Federneubildung, optimal hierfür ist Bierhefe, unterstützen eine reibungslose Mauser. Während der Mauser werden auch der Legeapparat und die Kalziumaustauschknochen (weiter unten mehr dazu) regeneriert. Daher legen Hennen während der Mauser normalerweise keine Eier.

Die **Augen** sitzen bei Wachteln seitlich am Kopf. Als Beutetiere haben sie so ein breites Sichtfeld, wodurch sich Beutegreifer weniger wahrscheinlich unbemerkt nähern können.

Menschen besitzen im Auge drei unterschiedliche Fotorezeptor-Zapfen, Vögel hingegen einen Zapfen mehr. Damit können sie im für uns unsichtbaren Bereich des ultravioletten Lichts sehen. Bei unterschiedlichen Vogelarten ist dies unterschiedlich stark ausgeprägt. In einem Experiment mit Sperlingen und Wachteln konnte gezeigt werden, dass UV-Licht auf jeden Fall zum Farbsehen bei Wachteln

Die Federkiele, in denen neue Federn wachsen, sind durchblutet.

Kopfstudie einer tenebrosusfarbenen Wachtel. Süßes Köpfchen mit etwas Bart.

beiträgt. Der Gedanke, dass ein natürliches Vollspektrum-Sonnenlicht am besten für das Wohlbefinden der Wachteln ist, liegt also nahe. Bei einer Außenvoliere oder einem Stall auf dem Balkon ist immer auch normales Tageslicht von der Sonne vorhanden. Anders wäre dies aber bei einer Garagen- oder Laborhaltung. Daher hat ein Forscherteam das Wachstum und das Stresslevel von Wachtelküken untersucht, von denen eine Gruppe mit einer Vollspektrum-UV-Lampe beleuchtet und eine Vergleichsgruppe ohne aufgezogen wurden. Es konnten keine negativen Auswirkungen auf die Gruppe ohne UV-Licht festgestellt werden.[6] Sicher bereichert das Sehen ins UV-Spektrum hinein das Seherlebnis der Wachteln. Die private Wachtelhaltung findet eher nicht in geschlossen Räumen statt. Fensterscheiben absorbieren einen Teil UV-Strahlung, lassen aber meist auch einen Teil durch. Halten wir unsere Wachtelküken die ersten vier Wochen ohne extra UV-Bird-Lamp in einem Zimmer mit Fenster, so ist es vielleicht vergleichbar mit einer sehr leichten kurzfristigen Rot-Grün-Schwäche

---

[6] Smith E, Greenwood V, Goldsmith A, Cuthill I. Effect of supplementary ultraviolet lighting on the behaviour and corticosterone levels of Japanese quail chicks. Animal Welfare. 2005;14(2):103-109. doi:10.1017/S0962728600029092

bei Menschen. Die Entscheidung für oder gegen den Kauf einer UV-Bird-Lamp hat also lediglich vernachlässigbare Auswirkungen auf das Wohlbefinden der Wachteln.

Hühnervögel können gegenüber uns Menschen in einer höheren Frequenz sehen, sie nehmen also mehr Bilder pro Sekunde wahr. Alte Leuchtstoffröhren pulsieren mit der Frequenz unseres Stromnetzes, was bei Personen, die ungewöhnlich schnell sehen können, als unangenehmes Flimmern wahrgenommen werden kann. Für Hühnervögel flackern solche alten Leuchtstoffröhren umso mehr und können ein Unwohlsein hervorrufen. Sie sind ungeeignet für die Beleuchtung im Wachtelstall. Viele moderne Leuchtmittel sind bereits flackerfrei. Ein einfacher Test, um ein mögliches Flackern für das menschliche Auge sichtbar zu machen, kann mit der Kamera des Smartphones durchgeführt werden: Einfach in den Kameramodus gehen und das Handy ganz nah an die Lichtquelle halten. Bleibt das Bild konstant, ist alles in Ordnung. Flackern abwechselnd helle und dunkle Streifen durchs

Bei dieser alten Leuchtstoffröhre zeigt das Livebild im Kameramodus vom Handy ein Streifenmuster, das schnell über das Bild flackert: Dieses Licht wird von Wachteln und Hühner sehr wahrscheinlich als flackernd und nervig wahrgenommen.

Bild, so ist es sehr wahrscheinlich, dass dieses Licht unsere Wachteln nerven würde.

Über dem Schwanz am hinteren Ende des Rückens befindet sich oben eine kleine Öldrüse, der sogenannte **Bürzel**. Bei der Gefiederpflege können sich die Wachteln hier mit dem Schnabel immer wieder etwas Öl holen, um damit ihre Federn gegen Wasser zu imprägnieren und sie in guter Kondition zu halten. Findet man diese Drüse zum ersten Mal und ist sich nicht bewusst, dass sie da sein soll, so könnte sie mit einer Zecke, einer Warze oder einer Hautauswucherung verwechselt werden.

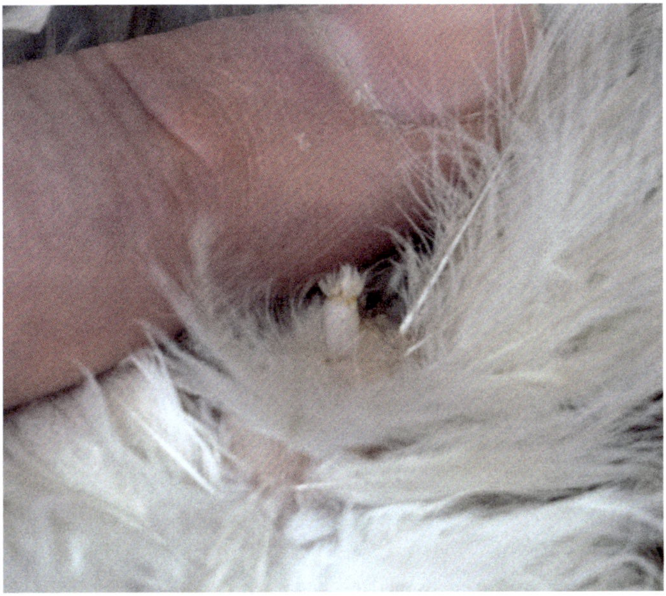

Die Bürzeldrüse befindet sich oben ganz am Ende des Rückens.

Die Füße der Wachteln sind ideale Werkzeuge zum Scharren und Laufen. Drei Zehen zeigen nach vorn, eine nach hinten.

Das **Skelettsystem** der Vögel ist dem der Säugetiere bis auf zwei große Unterschiede sehr ähnlich. Die Anatomie der Vögel ist aufs Fliegen ausgelegt und daher möglichst gewichtreduziert. Einige Knochen sind luftgefüllt (pneumatisch). Das Rumpfskelett ist versteift, um beim Fliegen mehr Stabilität zu gewährleisten. Am Brustbein und an

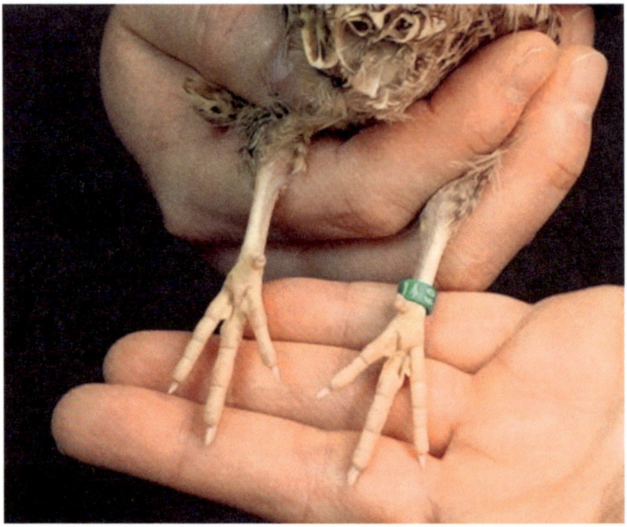

Gesunde Läufe und Füße einer jungen Wachtel.

der Brustbeinleiste setzt die kräftige Flugmuskulatur an. Die vorderen Gliedmaßen sind zu einem Flügelskelett umgestaltet. Es gibt nur drei Finger. Bestimmte andere Knochen sind medullär. Das bedeutet, dass diese Knochen als kurzfristige Kalziumquelle und Zwischenspeicher dienen können, falls für die Eierschalenproduktion aus der Nahrung an dem Tag nicht ausreichend Kalzium vorhanden ist.

Gesunde Wachteln **atmen** durch die Nasenlöcher. Über den Kehlkopf strömt die Luft in die Luftröhre (Trachea). Wachteln haben anders als Menschen kein Zwerchfell, dafür aber Luftsäcke. Das Luftsacksystem leitet die Atemluft durch die Lunge, die Lunge bleibt dabei konstant groß. Durch leichte Bewegungen des Brustkorbes werden die Luftsäcke ausgedehnt und füllen sich oder werden zusammengequetscht und die Luft strömt aus den Luftsäcken. Wenn eine Wachtel also etwas länger sehr eng in der Hand gehalten wird, könnte – je nach Griff – aus Versehen der Brustkorb am Rücken fixiert und damit die Atmung erschwert oder verhindert werden. Die Wachtel würde langsam ohnmächtig werden.

Die Nahrung wird über den Schnabel in das **Verdauungssystem** aufgenommen. Im Schnabel befinden sich Speicheldrüsen, damit die Nahrung etwas geschmeidiger durch die Speiseröhre in den Kropf

Diese braun-wildfarbene Henne fokussiert gerade das Salatblatt.

Wachtel. Der Kropf ist eine Ausstülpung der Speiseröhre und dient der zwischenzeitlichen Aufbewahrung der Nahrung. Dadurch können die Tiere kurz ihren Kropf vollfressen, sich dann vor möglichen Beutegreifern verstecken und währenddessen gemütlich verdauen. Werden als Grünfutter lange faserige Halme angeboten, könnten sich diese ineinander verknoten und am Übergang zum Drüsenmagen zu einer Kropfverstopfung führen. Im Drüsenmagen wird der Nahrungsbrei mit Salzsäure und Pepsin so weit wie möglich aufgeschlossen.

Direkt an den Drüsenmagen schließt sich der Muskelmagen an. Das ist das Kauwerkzeug unserer Wachteln. Die Zähne müssen aber in Form von kleinen Steinchen, dem sogenannten Grit, vom Tier erst gefressen werden. Dies ist besonders wichtig für Hühnervögel, die viele ganze Körner zu fressen bekommen. Grit verweilt zum Teil im Muskelmagen, wird aber auch durch die Salzsäure angegriffen (vor allem, wenn es Muschelschalengrit ist) und nach und nach auch wieder mit ausgeschieden. Man kann diese kleinen Steinchen günstig im Baumarkt (Pflastersplit) oder – deutlich teurer deklariert als Vogelgrit und mit Anis versetzt – im Landhandel kaufen (wenige Millimeter Durchmesser). Die Wachteln sollten wenigstens einmal die Woche die Möglichkeit haben, kleine Steinchen aufzunehmen. Grit darf aber auch permanent in einem Schälchen oder im Sandbad zur freien Aufnahme angeboten werden.

Weiter rutscht der Nahrungsbrei in den Zwölffingerdarm. Hier findet der Großteil der Verdauung statt. Die Bauchspeicheldrüse (Produktion der Verdauungssäfte), die Leber (Stoffwechsel) und die Gallenblase (Fettverdauung) sind am U-förmigen Zwölffingerdarm angeschlossen. Der Brei geht weiter in den Dünndarm. Dort wird weiter verdaut und die verwertbaren Nährstoffe über die Darmschleimhaut in den Körper aufgenommen.

Achtung: Wachteln produzieren keine Lactase, die benötigt wird, um Lactose (Milchzucker) zu verdauen. Das ist eine Eigenart von Säugetieren. Füttert man Milchprodukte mit viel Lactose, bekommen die Wachteln Durchfall.

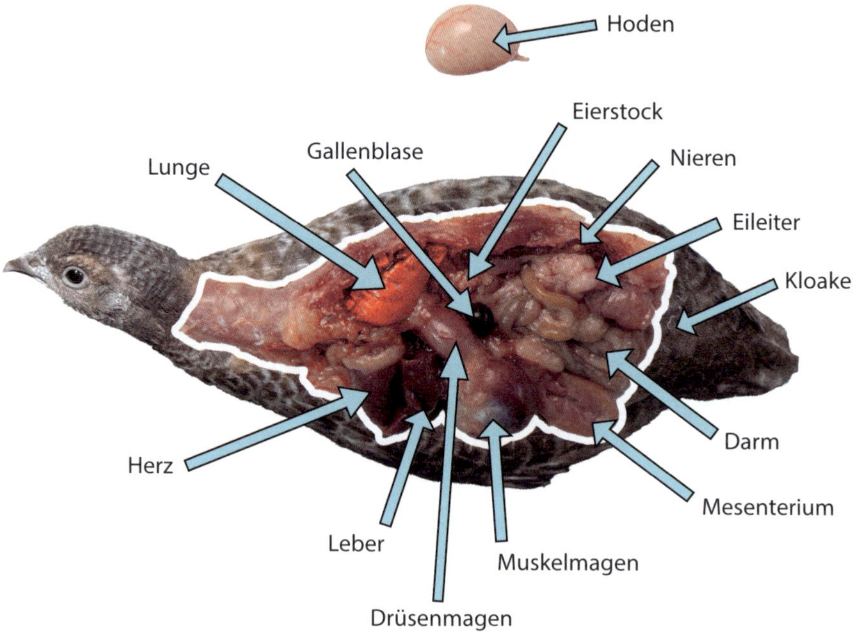

Die inneren Organe einer Wachtel. Zwei Hoden sitzen beim Hahn etwa dort, wo bei der Henne der Eierstock ist. Diese Henne hatte nicht gelegt. Normalerweise wären im Eierstock auch schon etwas größere Protoeier zu sehen. Die ähnlich wie das Herz gefärbten Nieren sind hier größtenteils verdeckt. Der Kropf war leer, er würde links neben dem Herzen sitzen.

Links häufiger Kot, rechts seltener Blinddarmkot. Beides ist normal.

Am Übergang vom Dünn- in den Dickdarm sitzen die Blinddärme. In den zwei Blinddärmen können Vitamine gebildet werden und Wasser wird resorbiert. Hier befindet sich eine Mikroflora, die schwer verdauliches Material (z. B. Grasfasern) fermentieren kann. Im Dickdarm wird dem verdauten Brei Flüssigkeit entzogen und der eingedickte Kot wird zwischengespeichert.

Die Kloake ist der gemeinsame Ausgang des Verdauungstraktes und auch des Legeapparates. Es gibt zwei Arten von Wachtelkot. Der normale festere Dickdarm-Kot hat eine weiße Haube. Wachteln pinkeln nicht. Sie haben auch keine Harnblase. Die weiße Haube besteht aus Harnsäurekristallen, quasi der eingedickte wasserunlösliche Teil des Urins. Selten wird Blinddarmkot abgesetzt. Diesem fehlt die weiße Haube, er ist flüssiger, oft cremig und dunkelbraun, zum Teil mit unverdauten Fasern, wenn vorher faseriges Grünfutter gefressen wurde. Das ist also kein Durchfall oder Krankheitsanzeichen, sondern völlig normal.

Der **Legeapparat** der Wachtelhenne kann in Eierstock und Eileiter unterteilt werden. Anders als Säugetiere haben Hühner nur *einen* ausgebildeten Eierstock. Hennenküken schlüpfen mit über 3.000

mikroskopischen Eifollikeln. Anders als Sperma können Eifollikel nicht erneut nachgebildet werden.

Die Eibildung wird durch Lichtstimulation angeregt. Durch die Tageslänge bzw. durch zusätzliches elektrisches Licht können die Wachteln auch im Winter zum Eierlegen animiert werden. Mit einer Tageslänge von 12 bis 14 Stunden Licht legen ein paar Hennen Eier, mit 14 bis 16 Stunden wäre die volle Legeleistung der Herde abrufbar. Für Wachteln, die über ein Dreivierteljahr alt sind, wäre eine Zeitphase im Winter mit einer Legepause oder -depression durchaus artgerecht. Insbesondere bei einer Haltung draußen, wo die Tiere im Winter dann auch mehr Energie für die Wärmeproduktion aufwenden müssen.

Der Eidotter wird in der Leber gebildet und in den Eierstock transportiert. Bei der Ovulation (Follikelsprung) gelangt der Ei-Follikel mit dem Eidotter in den Eileiter. Wenn ein Hahn die Henne zuvor begattet hat (der Deckakt heißt bei Hühnervögeln „treten"), kann am Anfang des Eileiters, dem sogenannten Infundibulum, das Ei befruchtet werden. Die Henne kann das Sperma sogar wenige Wochen lang speichern. Das Protoei durchwandert innerhalb weniger Stunden den Eileiter und das Eiklar wird hinzugefügt. Gegen Ende des Eileiters befindet sich der Uterus. Dort wird die Schale um das Ei gelegt und in den letzten Stunden vor dem Legen das für jede Henne einzigartige Fleckenmuster als Pigment mit auf die Eischale gelegt. Durch den Vagina-Muskel wird das Ei über die Kloake ausgeschieden. Beim Legeakt stülpt sich das Ende des Legeapparats ein wenig aus der Kloake heraus, das frische Ei hat also keinen Kontakt zum Kot im Dickdarm (der ebenfalls in der Kloake endet).

Hennen legen Eier völlig unabhängig davon, ob ein Hahn vorhanden ist oder nicht. Die gesamte Eibildung dauert 22 bis 24 Stunden. Der jeweils nächste Eisprung findet bei Wachteln normalerweise 15 bis 30 Minuten nach dem Legeakt statt. Nach einer kleinen Serie machen sie einen oder zwei Tage Pause. Von zehn gesunden Wachtelhennen in legefähigem Alter (8 Wochen bis 15 Monate alt) und artgerechter Haltung dürfen im Schnitt etwa acht Eier pro Tag erwartet werden. Ältere Wachtelhennen legen deutlich seltener als junge. Von zehn zwei bis

Der rote Wachtelhahn paart sich mit einer wildfarbenen Henne.

drei Jahre alten Wachtelhennen dürfen nur noch etwa drei Eier pro Tag erhofft werden.

Beim Hahn sitzen die Hoden über den Nieren direkt unter der Wirbelsäule am Rücken. In den Hoden werden das Sperma und Testosteron gebildet. Aus den Hoden führt ein Samenleiter zur Kloake. Beim Treten (Deckakt) gibt es keine Penetration; der Hahn hat gar keinen Penis. Es findet ein Kloakenkuss statt. Geht die vom Hahn umworbene Henne mit dem Tretakt in Ordnung, bleibt sie stehen, sodass der Hahn gut aufsteigen kann. Ein sehr starker Sexualtrieb bei Wachtelhähnen kann in der Haltung zuweilen ein großes Problem darstellen. In der Natur werden bei Wachteln die Hoden und Hormonproduktion in der kalten und dunklen Jahreszeit reduziert, da im Winter keine

Paarungs- und Fortpflanzungszeit ist. Bei Problemen mit Wachtelhähnen kann dies ausgenutzt werden, indem die Hähne mit maximal sechs bis acht Lichtstunden (Dämmerlicht) gehalten werden. So könnte auch eine Wachtel-Hähnen-WG friedlich funktionieren.

Unsere Wachteln brauchen noch etwas ganz Essenzielles, damit sie gesunde Eier legen können. Genau, gesundes Futter! Worauf dabei zu achten ist, erfahrt ihr im nächsten Kapitel.

5

Ernährung und Futterkunde

In der Natur sind Wachteln Allesfresser. Sie fressen Kerbtiere, Samen und andere Pflanzenteile. Durch die Zucht auf eine unnatürlich hohe Legeleistung sind die Ansprüche an das Futter bei Legewachteln erheblich gestiegen. Vor allem mehr Protein für das Eiweiß und mehr Kalzium für die Eierschalen und generell mehr Futter für mehr Energie sind nun für die Tiere in unserer Obhut notwendig. Ausgesetzt im Wald, würden sie über Wochen verhungern, falls sie überhaupt so lange den vielfältigen Beutegreifern entgehen könnten.

Die wichtigsten Futterkomponenten kann man sich gut am Beispiel von einem leckeren Schnitzel mit Pommes und großem Salat

© Towfiquahamedbarbhuiya / Shutterstock.com

merken. Das Schnitzel steht für Eiweiß und das gesamte Rohprotein. Dies ist wichtig für das Wachstum, die Federbildung, die Zellerhaltung und die Eibildung. Die Pommes stehen für die Kohlenhydrate, diese liefern Energie für die Stoffwechselvorgänge sowie Wärme- und Bewegungsenergie. Überschüssige Kohlenhydrate werden im Körper als Fett gespeichert. Stark überfettete Hennen legen kaum oder keine Eier mehr. Der große Salat mit Nüssen und Öl-Dressing steht für Ballaststoffe, Vitamine, Mineralien und Fette.

Ein optimales Wachtelfutter ist an die jeweilige Lebens- und Leistungsphase der Wachteln angepasst. Küken benötigen besonders viel Protein, da sie sehr schnell wachsen und Federn ausbilden. Legende Hennen benötigen gegenüber Küken, Junghennen und Hähnen erheblich mehr Kalzium für die Bildung der Eierschalen, die fast täglich ihren Körper verlassen.

Wer Landwirt mit eigenen Ackerflächen und Viehhaltung ist, hat eventuell die Möglichkeit, sein Wachtelfutter selbst zusammenzustellen. Vor allem der Anbau der Eiweißkomponente, mit den für Geflügel sehr notwendigen Aminosäuren Lysin und Methionin, ist in Deutschland eine Herausforderung. Sojabohnen sind ein sehr guter Baustein als Basiskomponente für Geflügelfutter. Es gibt auch nicht-genmanipulierte Sojakulturen im Ökolandbau. Vor allem in Süddeutschland gelingt mittlerweile (Stand 2024) schon auf über 44.000 Hektar der Anbau von Sojabohnen. Aber selbst als Landwirt in Süddeutschland mit eigenen Sojabohnen würden wir diese wahrscheinlich lieber zu einem guten Preis verkaufen, damit daraus Tofu und Sojamilch wird, und mit einem Teil vom Gewinn Wachtelfutter von einer Futtermittelfirma einkaufen.

Genau das machen wir Wachtelhalter ohne eigene Landwirtschaft auch. Schon seit ein paar Jahren haben einige Futtermittelfirmen Wachtelfutter in ihrem Sortiment. Das Futter wird meist in den Körnungsvarianten Mehl, granuliert oder als Pellets angeboten.

Für legende Wachtelhennen möchte ich zu Pellets raten. Hier sind alle Komponenten zusammengepresst; die Tiere können nicht unschmackhafte, aber essenzielle Bestandteile aussortieren oder liegen lassen. Bei Pellets ist der Futterverlust in die Einstreu sehr gering.

Pelletierts Wachtellegehennenfutter. Diese Pellets haben eine Dicke von 2 mm.

Eine Körnerfuttermischung mit gebrochenen Maiskörnern.

Körnermischungen mit z. B. Weizen, Mais, Erbsen, Hirse, Gerste, Haferflocken, Sonnenblumensamen, Muschelschalen, Leinsamen, Hanfsamen, Sesam, Mohn etc. gibt es auch als Schrot, d. h. als gebrochene Körner.

Als ich meinen Wachteln mit einem naturnahen Schrot-Körnerfutter-Spezial für Wachteln etwas Gutes tun wollte, wurde ich bitter enttäuscht. Hätte ich dieses teure Futter nicht mit einem normalen pelletierten Wachtel-Legehennen-Alleinfutter gemischt, dann hätte ich die Wachteln womöglich in den Hungertod getrieben. Die Wachteln verweigerten die geschroteten Körner und pickten nur die Pellets. Im Futterbehälter war noch ein Drittel Futter enthalten, aber die Wachteln wurden unruhig. So wurde ich darauf aufmerksam, dass nur noch Körnerschrot im Behälter war. Hätte ich nur Wachteln, würde ich ihnen den Rest vom Körnerschrotfutter in einem zusätzlichen Behälter in der Hoffnung anbieten, dass es nach und nach doch gefressen wird. Da ich aber auch noch Hühner halte, haben mir diese den Gefallen getan und das Körnerfutter aufgefressen.

Dieses Erlebnis hat mich motiviert, tiefer und mit einer wissenschaftlichen Recherche in die Wachtelfütterung einzusteigen.

Aber eine Warnung zur Relativierung vorweg: Die Werte für die Optimalbereiche von Komponenten im Wachtelfutter stammen aus der Futtermittelindustrie und -forschung. Hierfür werden meist Legewachteln in hygienisch sauberen, engen Käfigbatterien auf Gitter ohne Einstreu, Sandbad, Nester oder sonstige Beschäftigung gehalten und mit 17 Stunden Licht jeden Tag bestrahlt. So lässt sich „sauber" bei maximaler Legeleistung jeweils ein Parameter verändern (Energiegehalt, Rohprotein, Lysin, Kalzium etc.) und der Einfluss auf die Legeleistung wird beobachtet. Die Tiere sind zumeist auch im allerbesten Legealter von drei bis fünf Monaten. Einige Parameter sind positiv oder negativ miteinander gekoppelt, was es weiter verkompliziert.

Das „Konstante-Summen-Problem" darf auch nicht unbeachtet bleiben: Wenn z. B. der Kalziumanteil im Futter von 2 % auf 6 % durch mehr Muschelschalengrit angehoben wird, so werden von allen anderen Futterkomponenten 4 % in der Gesamtsumme von den Muschelschalen verdrängt, somit reduzieren sich anteilig die Gehalte der anderen wichtigen Inhaltsstoffe ein wenig, wenn ein Inhaltsstoff erhöht wird.

Daher ist es z. B. auch in der Kükenaufzucht keine gute Idee, schon viel Grünfutter zuzufüttern. Durch proteinarmen Löwenzahn, Giersch und Möhre würden wir den Rohproteingehalt des vom Küken aufgenommenen Futters stark verdünnen, was negative Auswirkungen haben kann. Später soll den ausgewachsenen Wachteln gerne auch

Wachtelküken fressen schon kurz nach ihrem Schlupf.

Grünfutter angeboten werden. Und an geringe Mengen dürfen sich auch Wachtelküken und -jungtiere schon gewöhnen.

Wir wollen auch Wachteleier, werden unsere Tiere aber nicht bei den oben skizzierten tierethisch untragbaren Bedingungen halten und sie auch nicht im Alter von acht Monaten durch drei Monate alte Wachtelhennen austauschen. Die von mir recherchierten und im Folgenden vorgestellten Optimalbereiche der einzelnen Futterkomponenten sind also mit Vorsicht zu betrachten. Auch Werte unterhalb können funktionieren. Bei manchen Werten ist ein Überschreiten unkritisch, bei anderen kann sich ein deutliches Zuviel auf Dauer aber auch negativ auf die Gesundheit der Tiere auswirken.

Wachtelkükenfutter sollte einen Energiegehalt von 12 bis 12,5 MJ ME pro kg haben. MJ ME / kg steht für Megajoule umsetzbare Energie pro Kilogramm. Etwa 26 % bis 28 % Rohprotein, 1,5 % Lysin, 0,62 % Methionin und 0,8 % Kalzium sollten enthalten sein. Es gibt dezidiertes Wachtelkükenfutter online und zum Teil im Landhandel vor Ort. Es funktionieren auch Wild-/Ziergeflügelstarter (im Handel oft abgekürzt als W/Z-Starter) oder Putenstarter ohne Kokzidiostatika (Arzneimittel gegen Kokzidiose). Rohprotein und Methionin dürfen auch noch etwas höher konzentriert sein, das schadet nicht.

Granuliertes Wachtelkükenfutter. Teils mehlig, teils klein gebrochene Pellets. Ideal für Wachtelküken ab dem ersten Lebenstag.

Hühnerkükenfutter enthält massiv zu wenig Rohprotein und Aminosäuren, sie sind für Wachtelküken ungeeignet! Kümmerwuchs, erhöhte Tierverluste, unschöne Gefiederausbildung, insbesondere in den Schwingen, krankheitsanfällige Tiere, ein später Legebeginn und dauerhaft schlechte Legerinnen können die Folgen sein, wenn Wachtelküken mit Hühnerkükenfutter aufgezogen werden.

Ganz wichtig ist auch die Struktur des Wachtelkükenfutters. Die frisch geschlüpften kleinen Wachtelküken können keine 2 mm dicken und zum Teil über 5 mm langen Pellets fressen. Futtermittelhersteller, die Wachtelkükenfutter ab dem 1. Lebenstag in 2-mm-Pelletsform anbieten, handeln meiner Einschätzung nach grob fahrlässig, da uninformierte Wachtelanfänger eventuell nicht bemerken, dass dieses Futter für die ersten Tage noch gemörsert oder mit der Küchenmaschine zerkleinert werden muss, bevor es die Wachtelküken fressen können. Eine mehlige bis bröselige Struktur ist ideal für Wachtelküken. Mohnsamen sind interessant für Wachtelküken und werden gerne gepickt. Im deutschsprachigen Raum geht der Mythos um, Wachtelküken würden zwingend Mohnsamen für ein gesundes Wachstum benötigen. In internationalen wissenschaftlichen Publikationen[7] konnte ich bislang

[7] Akinci, Z. & Bayram, I. (2003): Effects of poppy seed meal on egg production and hatching results in quail (*Coturnix coturnix japonica*). *Research in Veterinary Science* 75(2), 141–147.

Mohnsamen sind auf weißem Küchenkrepp maximal gut sichtbar und haben eine ideale Größe und Form, um von Wachtelküken gefressen zu werden. Mohn im Futter kann sich auch negativ auswirken.

keinerlei Hinweis darauf finden. Im Gegenteil gibt es Forschungen, die bei der Zufütterung von Mohn an Wachteln zwar eine minimal bessere Eierproduktion, zugleich aber auch schon bei geringen Mengen Mohn eine signifikant höhere Unfruchtbarkeit und erhöhte embryonale Sterblichkeit während der Brut nachweisen konnten. Da ich bestimmte Farbvarianten züchten möchte, vermeide ich daher Wachtelfutter mit Mohn, sowohl für die Küken als auch für die erwachsenen Tiere.

Ab der vierten Lebenswoche dürften die Nährstoffgehalte leicht reduziert werden auf 11,5 bis 12,0 MJ ME/kg Energie und 20 % Rohprotein, 1,0 % Lysin, 0,44 % bis 0,50 % Methionin und 0,8 % Kalzium. Die meisten Futtermittelhersteller ignorieren dies und vermarkten ihr Wachtelkükenfutter als optimal bis zum Legebeginn nach der sechsten Lebenswoche. Das funktioniert auch. Sollen die Wachteln etwas „sanfter" wachsen, so entsprechen die allermeisten Hühnerkükenfutter weitestgehend den Anforderungen für Wachtelküken vom Ende der vierten Lebenswoche bis zum Legebeginn mit sechs, sieben oder acht Wochen. Somit ließe sich eine Übergangsphase für die Futterumstellung schaffen, in der das Wachtelkükenfutter mit dem Hühnerkükenfutter gemischt wird. Ab Ende der vierten Lebenswoche 75 % zu

25 %, dann 50:50 hin zu 25 % zu 75 % und dann 100 % Hühnerkükenfutter ab etwa dem Ende der fünften Lebenswoche bis zum Start der ersten Eier.

Ein Küken benötigt in der Aufzuchtzeit vom Schlupf bis zum Ende der sechsten Lebenswoche etwa 1 kg gutes Futter. Ist der Plan, selbst 20 Wachtelküken großzuziehen, benötigt man also etwa 20 kg Wachtelkükenfutter.

Wenn ausreichend Lichtstunden am Tag zur Verfügung stehen, beginnen die **Wachtelhennen** zwischen sechs und acht Wochen mit dem Eierlegen. Ab jetzt benötigen die Tiere erheblich mehr Kalzium im Futter für die Produktion der Eierschalen. Ein Legehennenfutter für Wachteln sollte etwa 11,7 bis 12,2 MJ ME/kg Energie, 18 % bis 21 % Rohprotein, 0,9 % bis 1,1 % Lysin, 0,44 % bis 0,52 % Methionin und 3 % bis 4 % Kalzium enthalten. Der Vitamin-E-Gehalt für Wachteln sollte bei 35–40 mg/kg liegen. Vitamin-E-Mangel kann zu Organschäden und erhöhter Anfälligkeit für Infektionen führen. Vitamin E gilt auch als Fruchtbarkeitsvitamin. Im Grünfutter aus dem Garten ist unter anderem auch Vitamin E enthalten. Eine weitere Option sind gekaufte Flüssigvitamine, die dem Trinkwasser zugesetzt werden können. Der Rohfasergehalt sollte 4 % bis 4,5 % betragen, sonst droht Federpicken und Kannibalismus. Genauso kann zu wenig Natrium oder

Die Jungtiere sind fünf Wochen alt. Sie fressen jetzt Hühnerkükenfutter.

Methionin ein Federpicken begünstigen. Federpicken ist bei Wachteln im Gegensatz zu Hühnern aber eher ein sehr seltenes Phänomen.

Im Handel stehen einige Wachtel-Legehennenfutter zur Verfügung, ebenso decken viele Hühner-Legehennenalleinfutter auch genauso diese Ansprüche ab.

Eine 450 g schwere Jumbo-Wachtel frisst erheblich mehr als eine zierliche 190 g leichte Celadon-Wachtel. Je nach Größe und Individuum fressen Wachtelhennen zwischen 35 und 60 g Futter am Tag. Rechnen wir als Beispiel mit einem mittleren Futterverbrauch von 42 g pro Wachtelhenne und Tag. Halten wir 10 Wachtelhennen, so benötigen diese zusammen 420 g Futter am Tag. Ein 25-kg-Futtersack reicht also fast für zwei Monate. Je nach Produkt, Sackgröße und Selbstabholung vor Ort im Landhandel oder per Onlineversand kann ein Wachtelfuttersack zwischen 20 und 60 Euro kosten.

Leider ist die Haltung von mehreren Wachtelhähnen zusammen nur unter bestimmten Voraussetzungen umsetzbar (siehe Kapitel 6). Nicht selten wird jeweils der Rangniedrigste im wahrsten Sinne des Wortes von den anderen während einer Massenvergewaltigung skalpiert. Wird daher planmäßig eine Gruppe **Wachtelhähne** zusammen gehalten, um sie nach wenigen Wochen der Küche zuzuführen, können diese ein Hähnchenmastfutter mit 20 % bis 22 % Rohprotein oder

Rote Wachtelhenne frisst Pellets.

auch das normale Legefutter für Wachteln fressen. Zwar enthält dies für Hähne unnötig viel Kalzium, für die kurze Dauer wird es aber nicht negativ auf die Gesundheit der Hähne wirken.

Läuft ein Hahn mit in einer Gruppe von mehreren Hennen, darf der Hahn das für die Hennen optimierte Futter mitfressen. Logistisch ist es nicht möglich, ihn anders zu ernähren.

Im Muskelmagen von Wachteln dienen kleine Steinchen, der sogenannte **Grit**, als Zahnersatz, um Körner und faseriges Material für die Verdauung zu mahlen. Wachteln nehmen Grit in der Größe von 1 bis 3 mm Durchmesser gerne auf. Ab der dritten Lebenswoche darf er zur freien Verfügung oder mindestens einmal pro Woche angeboten werden. Dies ist besonders wichtig, wenn zum Teil ganze oder auch leicht gebrochene oder gequetschte Körner verfüttert werden. Auch Grünfuttergaben können mit Grit im Muskelmagen besser vom Verdauungssystem aufgeschlossen werden.

Klein geschrotete **Muschelschalen** sind extrem reich an Kalzium und dienen vorübergehend vor ihrer Auflösung durch die Magensäure auch als Grit im Muskelmagen. Gebrochene Muschelschalen dürfen in einem extra Behälter oder eingemischt im Sandbad zur freien Verfügung stehen. In vielen fertigen Wachtelfuttermischungen ist bereits Muschelschalenschrot als Kalziumquelle enthalten.

Gritsteinchen inklusive gebrochener Muschelschalen. Circa 1–3 mm große Komponenten.

Diese Korngröße Muschelschalenbruchstücke ist für Hühner gut, für Wachteln sind die großen Stücke zu grob.

In geringen Mengen können ausgewählte **Küchenreste** anstatt in den Biomüll den Wachteln gegeben werden. Das sind vor allem Schnippelreste von Gemüse und Salat. Längs aufgeschnittene Gurken und Möhren werden gerne ausgepickt. Von Essensresten wie Nudeln, Reis, Müsli und eingeweichtem Brot, was in geringen Mengen Hühnern gegeben werden darf, möchte ich für Wachteln abraten. Als sporadisches Leckerli wäre es in Ordnung, da es aber sehr viele Kohlenhydrate enthält, würden die Wachteln schneller verfetten und die für die Gesunderhaltung notwendigen Inhaltsstoffe des normalen Wachtelfutters würden verdünnt werden („konstantes Summen-Problem“).

Giersch, Löwenzahn, Vogelmiere, geschossener Salat, Küchenkräuter und Brennnesseln sind besonders wertvolle und schmackhafte Pflanzen für Hühnervögel und die Freude ist groß, wenn sie in den Stall oder die Wachtelvoliere gegeben werden.

Ungesund oder gar giftig sind: verdorbene, schimmlige oder angegorene, stinkende Essensreste. Avocados. Zitrusfrüchte (Orangen, Zitronen etc.). Stark Salziges. Süßigkeiten. Stark scharf gewürzte Speisen. Roher Backteig. Lange Grashalme (Kropfverstopfung). Viel Kohl. Milchprodukte mit höheren Laktosegehalten. Giftige Pflanzen. Rohe Nachtschattengewächse, z. B. Kartoffeln.

Girsch: Im Beet unerwünscht, bei Wachteln beliebt. Links und rechts gelb-wildfarbene Hennen, in der Mitte eine braun-wildfarbene.

Bierhefe ist der Superfood-Zusatz – ganz besonders für Küken, Jungtiere und mausernde Alttiere. Es entsteht als Nebenprodukt in der Bierherstellung und ist sehr reich an Protein, diversen B-Vitaminen (B1, B2, B6, B12), Aminosäuren, Biotin, Natrium, Kalium, Kalzium und Magnesium. Es enthält keinen Alkohol. Als Flocken ist es in vielen Lebensmittelgeschäften erhältlich. Einigen Futtermischungen ist bereits Bierhefe zugesetzt. Ein Blick auf das Etikett gibt darüber Auskunft.

Lässt man Getreidekörner keimen (**Keimfutter**), erhöht sich dadurch der Vitamingehalt enorm. Es enthält viele B-Vitamine sowie

Gekeimte Weizenkörner enthalten sehr viele wertvolle Vitamine. © Gryllus M / Shutterstock.com

Vitamin E, K und C. Theoretisch ist es aber mit Supplementen, z. B. zusätzlichen Hühnervitaminen (A, D, C, E) im Trinkwasser möglich, die fettlöslichen **Vitamine** zu überdosieren. Das Merkwort für die Gruppe Vitamine, die überdosiert zu Schäden führen können, ist EDEKA. In fast jedem Futtermittel gibt der Hersteller bereits die Vitamine A, D und E in ausreichender Dosierung zu. Hier sollte also nicht grundlos zusätzlich über das Trinkwasser supplementiert werden. Selen, das als Spurenelement den meisten Futtermitteln zugesetzt ist, ist in geringen Dosen besonders im Zusammenspiel mit Vitamin C und E essenziell notwendig.

Die Wachteln sollten ständig freien Zugang zu **Trinkwasser** haben. Je nach Stress, Umgebungstemperatur und Legetätigkeit trinkt eine Wachtel pro Tag zwischen 70 und 130 ml Wasser. Eine Stülptränke mit 5 l Fassungsvermögen reicht demnach in einer Voliere mit 10 Wachteln im Hochsommer nur für drei Tage, im Winter für eine gesamte Woche. Wachteln sollten nicht dursten müssen, auch nicht im frostigen Winter. Es gibt Tränkenwärmesysteme im Handel mit minimalem Stromverbrauch, die im Winter die Tränke auf knapp über 0 °C erwärmen.

Gegenüber Hühnern mit Freilauf sind eingesperrte Wachteln erheblich resistenter, weniger ausgesetzt und somit weit weniger anfällig gegenüber Kokzidiose und im Darm parasitierenden Würmern. **Apfelessig** im Trinkwasser (etwa 2-%-ig, also 20 ml Apfelessig pro 1 Liter Wasser; weniger, wenn die Tiere das 2-%-Apfelessigwasser meiden) darf als Prophylaxe gegen Würmer und zur Unterstützung der Darmflora genutzt werden. Es soll auch gegen Stress helfen. **Oreganoextrakt** unterstützt ebenso die Darmgesundheit, soll den Appetit anregen und kann gegen Kokzidiose helfen.

Die eigenen Wachteln gesund, gut und relativ kostengünstig zu ernähren ist keine Zauberei. Werden bereits ausgewachsene Wachtelhennen gekauft, ist das größte Problem, die vermeintlich beste Futtermittelmarke für sich und seine Wachteln zu identifizieren. Zum Teil hat ein und derselbe Hersteller diverse Wachtelfutter im Angebot, die dann als Wachtelfutter Standard, Plus, Basis, Premium, +Kräuter, Exklusiv, Spezial, Provital, Pronatur, Original oder Milbenkomplex benannt werden. Der offensichtlichste Unterschied ist dann der Preis

Braun-wildfarbene Wachtelhenne trinkt.

und das Marketing. Die Inhaltsstofflisten zu studieren und zu vergleichen ist mühsam. Mich persönlich treibt so eine Strategie dann eher zu Herstellern, die ein einziges für Wachteln optimiertes Legehennenfutter anbieten. Mein Namensvorschlag für das eine Futter: Wachtelfutter, Rundum sorglos. Ein paar frische Beikräuter aus dem Garten kann ich dann auch selbst nach Belieben zufüttern.

Sind unsere Wachteln mit gesundem Futter und ausreichend frischem Wasser versorgt, ist ein Baustein für ihr Wohlbefinden gesichert. Doch sie freuen sich nicht nur über einen vollen Kropf, sondern benötigen auch eine Umgebung, in der sie ihre ganz eigenen Verhaltensweisen ausleben können. Wie das gelingt, schauen wir uns im nächsten Kapitel genauer an.

6

Verhaltensweisen und Sozialstruktur

Die wilden Japanischen Wachteln sind sehr scheue Vögel. Sie leben bodengebunden und ergreifen bei Anzeichen von Gefahr instinktiv die Flucht. Typische Fluchtverhalten sind Weglaufen und Auffliegen. Die wilden J. Wachteln sind Zugvögel und verbringen den Winter in Südchina, Nordostindien, Laos, Bhutan, Nordthailand und Vietnam. Es wurden aber auch schon wilde Wachtelpopulationen in Japan dokumentiert, die auch den Winter in Japan verbringen. Gebrütet wird dann im Sommerhalbjahr bis in den August hinein in China, Japan, Korea, der Mongolei und dem östlichen Russland.

Eine wilde Wachtel am Rande eines Getreidefeldes. © DKeith / Shutterstock.com

Mittlerweile gibt es zusätzlich auch in Italien und auf Hawaii von Menschen eingeführte, ausgesetzte und nun wild lebende Japanische Wachteln. Die Gelege umfassen fünf bis zehn Eier. Es brütet nur die Wachtelhenne, die während der Brut oft ungehalten gegenüber ihrem Partner wird und diesen vertreibt. Die Wachtelküken werden nur von der Wachtelglucke (Mutterhenne) betreut. Durch die ausgedehnte menschliche Landnutzung und Veränderung ist nicht völlig klar, was das bevorzugte natürliche Habitat der wilden Japanischen Wachteln ist. Meistens werden Wiesen, Steppen und trockene Berghänge in der Nähe von Wasser genannt. Graslandschaften und auch Ackerkulturen (z. B. Getreidefelder) werden ebenso bewohnt.

Die Weltnaturschutzunion zur Bewahrung der Natur (IUCN = International Union for Conservation of Nature) stufte 2016 die Lage der wildlebenden Japanischen Wachteln als zurückgehend und potenziell gefährdet ein.

Ein junger Rotkopf-Hahn beim Wachtelschlag, dem Krähen der Wachteln.

Wachteln kommunizieren mit einem breiten Repertoire an vokalen Lautäußerungen und mit Gesten. Das dient verschiedenen Funktionen: dem Warnen vor möglichen Bedrohungen, um die Gruppe zusammenzuhalten, dem Verschwinden der möglichen Bedrohung, um Schmerz, Unterwerfung oder Dominanz zu signalisieren und um den Nachwuchs oder Herdenmitglieder zu locken oder leckere Nahrung anzuzeigen. In einer artgerechten Haltung kann man mit etwas Glück sogar ein Balzverhalten des Wachtelhahns beobachten, nachdem man ihm eine neue Henne dazugesetzt hat. Der Wachtelschlag als Krähruf der Hähne dient auch der territorialen Verteidigung. So können eindringende Hähne ausweichen und einen Kampf vermeiden, indem sie den Wachtelschlag ernst nehmen und Abstand halten. Da der Wachtelschlag in einigen Dutzend Metern deutlich zu hören ist, reicht leider auch eine große Voliere nicht für die untergebenen Wachtelhähne aus, um das Gebiet des dominanten Hahns zu verlassen. Forscher haben dies in mehreren knapp zwanzig Quadratmeter großen und strukturierten Volieren ausprobiert und beobachtet. Die Haltung von mehreren Wachtelhähnen kann (muss aber nicht) folglich auch in großen, schön und artgerecht eingerichteten Volieren zu Problemen und andauerndem Stress für die subdominanten Hähne führen.

FAQ

Gibt es bei Wachteln eine Rangordnung?

Ja, bei Wachtelhennen gibt es eine soziale Rangordnung in der Herde, die durch ein gelegentliches Picken in den Nacken des Untergeordneten sichtbar werden kann.

Kann ich nur Wachtelhennen halten, also ohne Hahn?

Ja, das ist kein Problem und meist sogar deutlich einfacher als mit einem Wachtelhahn. Viele Wachtelhähne sind einzeln in einer Gruppe Hennen zufrieden und die Gruppe „funktioniert“ dauerhaft gut. Es gibt aber auch männliche Kandidaten, die einzelne Hennen so oft und brutal besteigen, dass es notwendig werden kann, sie aus der Gruppe zu entnehmen.

Die beiden wildfarbenen Hennen rechts hatten eine Meinungsverschiedenheit. Es gab angedeutete Hiebe in den Nacken.

Zwei Wachteleier an einer Stelle, die gerne als Nest genutzt wird.

Legen Wachtelhennen ohne Hahn Eier?

Ja, das Eierlegen ist unabhängig davon, ob ein Hahn in der Gruppe ist oder nicht. Der stärkste Faktor für das Eierlegen ist die Tageslänge bzw. die Lichtlänge, gefolgt von gutem Futter und dem Gesundheitszustand. Viel mehr zum Thema Eier folgt in Kapitel 10.

Kann man nur Wachtelhähne zusammen halten?

Heranwachsende Wachtelhähne lassen sich bis etwa zum Alter von acht Wochen gut zusammen großziehen. Dann werden sie nach und nach voll geschlechtsreif. Ein erster Wachtelschlag kann schon im Alter von fünf Wochen ertönen. Das Territorialverhalten mit großem Stress untereinander tritt meist aber erst nach acht bis zehn Wochen auf. Nur Hähne in einer Gruppe besteigen sich gegenseitig beim Versuch, zu befruchten. Dabei halten sie sich im Nackengefieder fest. Im Stress will der bestiegene Kandidat flüchten und so reißen mehr Federn im Nacken aus. Sobald es zur Glatze kommt, halten sich die Wachtelhähne in der Haut fest, nicht selten auch zwei oder drei auf einmal. Will der untere Hahn fliehen, kann die Haut im Nacken abreißen und eine große, offene Wunde entstehen. Sie kann zwar heilen, meist wachsen an diesen Stellen aber keine Federn nach. So ist es nach der Einzelhaft-Quarantäne eine Körperstelle, an der es bei einer Wiedereingliederung mit anderen Hähnen sofort wieder zu einer üblen Verletzung kommen kann.

Auch drei Monate nach der schweren Hinterkopfverletzung durch andere Wachteln konnten an der Stelle keine Federn nachwachsen.

Eine halbwegs praktikable Möglichkeit, Wachtelhähne gemeinsam zu halten, gibt es: Bei den wilden, ursprünglichen Wachteln finden Balz und Brut immer im Sommerhalbjahr statt. Im dunkleren Winterhalbjahr gibt es eine sexuelle Ruhepause, in der sich sogar die Hoden verkleinern und erheblich weniger Hormone produzieren. Das lässt sich in einer sogenannten Dunkelhaltung simulieren. Bei nur maximal acht Stunden Licht zu sechzehn Stunden Dunkelphase pro Tag kann es in einem sonst artgerecht eingerichteten Stall gelingen, Wachtelhähne dauerhaft zusammen zu halten.

Normalerweise bedeutet das eingesperrte Zusammenhalten von Wachtelhähnen aber viel und dauerhaften Stress für die Tiere. Es ist zu überlegen, ob ein Zuführen an die Küche nicht eine, auch für die Tiere, bessere Option ist. Eigene Gewichtszunahmemessungen haben ergeben, dass Wachtelhähne nach sechs bis acht Wochen nur noch sehr wenig bis überhaupt nicht mehr zunehmen.

Kann man zwei oder mehr Hähne in einer größeren Gruppe Hennen zusammen halten?

Je nach Quote kann so etwas zeitweise in einer großen und artgerecht eingerichteten Voliere gelingen. Es ist aber mit Risiken behaftet, und wahrscheinlich werden die rangniedrigen Hähne und Hennen wie auch der dominante Hahn im Stress leben. Körperliche „Abnutzungserscheinungen" bis hin zu Verletzungen können auftreten.

Sind Wachteln leiser als Hühner?

Ja, Wachteln sind erheblich leiser als Hühner. Nicht nur in der maximalen Lautstärke des Wachtelschlags gegenüber dem Hahnenkrähruf, auch die Wachtelhennen sind deutlich leiser als Hühnerhennen. Die maximale Lautstärke des Wachtelschlags variiert in den Zuchtlinien und auch zwischen einzelnen Hähnen recht stark. Bei manchen denkt man: „Wie niedlich!", und bei anderen ist es unangenehm laut, wenn man mit dem Ohr direkt neben dem Wachtelhahn steht. Von den allermeisten Menschen wird der Wachtelschlag als erheblich weniger nervig als ein Hahnkrähen wahrgenommen.

Dieser Crèvecoeur-Hahn krähte laut: 83 dB habe ich direkt am Schnabel messen können.

Wie kann man neue Tiere in eine Gruppe integrieren?

Manchmal kann man eine neue Henne einfach dazusetzen und sie läuft normal mit. Manchmal werden die Neuen mit Skepsis empfangen und sollen sich unterordnen; sie werden in den Nacken gepickt und durch den Stall gejagt. Gibt es sichtgeschützte Ruhebereiche, können sich die Tiere phasenweise aus dem Weg gehen und aneinander gewöhnen. Spätestens nach etwa drei Tagen sollte die Gruppe wieder in Ruhe miteinander ihrem normalen Alltag nachgehen. Einfacher, als nur ein neues Tier zu integrieren, ist es, zwei oder drei Hennen neu dazuzugeben. So verteilt sich die Willkommens-Aggression auf mehrere Schultern und es gibt Leidensgenossinnen, die sich gemeinsam verstecken können. Spätabends die Tiere neu dazuzusetzen kann das Eingliedern deutlich erleichtern. Am nächsten Morgen wachen alle gemeinsam auf und haben sich nachts schon gerochen und gespürt. Was auch helfen kann, ist das gemeinsame Einstallen der alten und neuen Wachteln zusammen in eine andere Voliere oder einen anderen Stall. So verlieren die Alteingesessenen ihren „Heimbonus" und fühlen sich nicht so überlegen bzw. innerlich getrieben, ihr Territorium zu verteidigen. Denselben Effekt kann man simulieren, indem man die alten Wachteln in eine Transportbox setzt, die gesamte bewegliche Einrichtung aus dem Stall entfernt und frisch ausmistet. Dann setzt man zuerst die neuen Wachteln in den Stall und erst Stunden später die alten Wachteln. Eine Variante davon ist auch einen Versuch wert: die alten Wachteln zu den neuen in die Transportbox setzen und mit dem Auto herumfahren oder an ein paar unterschiedlichen Orten herumtragen. Hier reichen vielleicht der Keller, das Bad, der Balkon, die Garage und der Garten. Meine Idee dabei ist, dass die Wachteln so gemeinsam in einer für alle neuen Umgebung, der Box, sitzen und zusammen eine für sie unangenehme und wahrscheinlich sogar gefährlich wirkende Zeit durchleben. Das gemeinschaftliche Überleben dieser Gefahrensituation kann die Gruppe zusammenschweißen. Danach werden sie in die Voliere entlassen und sind, wie wir Menschen nach einem (nicht real bedrohlichen) Horrorfilm, glücklich und zufrieden, dass sie noch weiterleben dürfen. Dass jemand Neues dabei

Solche Taubentransportboxen eignen sich auch gut für Wachteln.

ist, spielt dann eine weit untergeordnete Rolle und bedarf keiner großen Aufmerksamkeit mehr.

Warum picken sich meine Wachteln gegenseitig?

Ein gelegentliches Picken ist normal und dient der Aufrechterhaltung oder der Neusortierung der sozialen Rangordnung. Es kann auch ein „soziales Picken" geben, z. B. wenn im Schnabelwinkel oder am Gefieder ein Essensrest klebt. In Gefangenschaft, vor allem bei nicht 100 % artgerechter Haltung, kann ein Picken auch in Mobbing umschlagen. Ein starkes Anzeichen dafür ist ein stärkerer Federverlust am Hinterkopf.

Eine Henne oder ein Hahn wird stark gemobbt, was kann ich tun?

Hier ist eine stärkere Beobachtung notwendig. Auch Alpha-Hennen können mitunter aggressiv gegen eine neue oder die rangniedrigste Henne (oder den Hahn) werden. Idealerweise sollte man, bevor Verletzungen passieren, die Schritte aus dem vorangegangenen Abschnitt, wie man neue Tiere integriert, beherzigen und ggf. wiederholen. Falls dies nicht hilft, sollte überprüft werden, ob der Stall oder die Voliere noch besser, also mit mehr Verstecken, Sichtschranken, Ruhebereichen und Hochebenen, ausgestattet werden kann. Falls das auch nicht möglich ist, sollten das Opfer und/oder der Täter aus der Gruppe entfernt werden. Als zweiter temporärer oder auch als Quarantänestall sind einfach eingerichtete Kleintierkäfige, wie sie auch oft zur Kükenaufzucht genutzt werden, praktikabel. Separiert man das Tätertier für ein bis zwei Wochen, so kann sich die verbliebene Gruppe neu sortieren, und beim Zurücksetzen wird das Tätertier sich wahrscheinlich lange nicht mehr so stark fühlen wie zuvor. Schließlich ist er oder sie in dem Moment dann der „Eindringling".

Wann können Wesensänderungen auftreten?

Nach meinen Erfahrungen werden Wachteln mit zunehmendem Alter entspannter. Den ersten deutlichen Schub zum Gelassenerwerden gibt es bei den Hennen zwischen sieben und zehn Wochen, wenn die ersten zwanzig Eier gelegt sind.

Die gelb-wildfarbene Henne möchte gerne glucken. Sie sitzt auf einigen Eiern, macht sich breit und lässt sich nicht vom Gelege verscheuchen. Foto: Josefine Brömmelmeier

Gluckende Wachtelhennen, die Eier ausbrüten wollen, werden oft aggressiver und energischer. Schließlich müssen sie ihr Nest bebrüten und verteidigen. Flüchten sie, wäre ihr Nest verloren, und eine Verteidigungshaltung einzunehmen, erfordert für Wachteln eine große Überwindung; da hilft die Hormonumstellung bei einer brütenden Glucke.

Trennt man eine einzelne Wachtel von einer Gruppe, verändert sich ihr Verhalten schlagartig: Sie ist deutlich aufgeregter und möchte zurück zur Gruppe. Vielleicht läuft sie verwirrt hin und her oder im Kreis. Egal, ob Henne oder Hahn, es wird meist für mindestens einen Tag verzweifelt nach den Herdenpartnern gerufen oder gekräht. Selbsterklärend verschwindet dieses Verhalten in dem Augenblick, wo ein Partner mit in die Einzelhaft gesetzt wird oder das Tier zurückdarf. Es kann auch sein, dass ein Hahn mit mehreren Hennen im Stress war, um alle immer wieder nacheinander zu besteigen, und dadurch eine Henne verletzt wurde. Wenn dieser Hahn ein paar Stunden oder einen Tag solo saß, kann es durchaus gut funktionieren (für wenige Wochen lang), ihm nur eine Henne zu geben. Ich mutmaße: Als Hälfte eines

Paares ist ihm klar, dass das seine eine Henne ist, um die er sich zu kümmern hat. Keine inneren Dämonen treiben ihn mehr an, sich immer wieder um sechs Hennen gleichzeitig kümmern zu müssen. Ich habe genau das schon bei meinen Wachteln praktiziert und war regelrecht erstaunt, wie harmonisch das Pärchen direkt nach dem Zusammensetzen miteinander umging. Der Hahn hat die eine Henne auch erheblich weniger bestiegen als zuvor in der Gruppe.

Warum sind meine Wachteln so schreckhaft?

Wachteln sind von Natur aus Fluchttiere. Es gibt Zuchtlinien, die deutlich schreckhafter sind als andere. Plötzliche Bewegungen und ungewohnte Geräusche können sie verängstigen und Fluchtreflexe auslösen. Geht man ruhig und behutsam mit den Tieren um, so werden sie nach und nach immer mehr Vertrauen zu ihrem Menschen schließen. Für Menschen, die nie mit Tieren umgehen, mag es etwas verrückt wirken, aber es ist sehr hilfreich, wenn man im Umgang mit den Tieren respekt- und liebevoll mit ihnen spricht. Und so macht es tatsächlich auch noch mehr Spaß. Einfache erklärende Sätze reichen

Die rote Wachtel (Drax) hat eine länglich geduckte Haltung eingenommen. Sie ist erstarrt in der Hoffnung, niemand könne sie sehen, wenn sie sich nicht bewegt. Falls doch, ist sie bereit zum Sprung.

aus: „Ich öffne nun die Tür und möchte eure Eier einsammeln. Habt ihr noch genug Wasser und Futter? Ich habe euch etwas Löwenzahn mitgebracht."

Ist es normal, dass Wachteln plötzlich panisch aufspringen/auffliegen?

Bei sehr scheuen und neuen Tieren kann das passieren. Es ist ein normales, angeborenes Fluchtverhalten der höchsten Stufe. Zuvor würden die Wachteln bei Gefahr erst einmal stillhalten und hoffen, dass die Gefahr vorüberzieht, oder sie würden in Deckung gehen oder weglaufen. Das Aufflattern würde bei den wilden Wachteln im hohen Gras gegen Feinde gut funktionieren, da sie dann im bogenförmigen Flug (chaotisch und unberechenbar) einige Meter weiter wieder landen. Wenn eine Gruppe derart aufbricht, ist ein Angreifer zunächst verwirrt, und er kann nur maximal ein Tier und nicht die ganze Herde erneut ins Visier nehmen. Bei unseren domestizierten Wachteln sollte dieses Verhalten möglichst nicht mehr auftreten. Eventuell ist es eine sehr scheue Linie oder die Haltungsbedingungen sind noch nicht zu 100 % artgerecht. Vielleicht können im Stall oder in der Voliere noch mehr Unterstände, Deckung und Sichtbarrieren geschaffen werden.

Beim panischen Auffliegen steil nach oben können sich Wachteln schwer am Kopf verletzen, wenn sie mit höchster Steiggeschwindigkeit unter die Decke krachen. Daher wird empfohlen, die Deckenhöhe bei Wachteln möglichst entweder unter 50 cm oder über 1,80 m zu wählen. Bei den Deckenhöhen dazwischen kann eine Schaumstoffschicht als Dauer-„Airbag" an die Decke geklebt werden.

Wie erkenne ich, ob meine Wachteln sich gut verstehen?

Eine harmonische Gruppe macht Dinge gerne gemeinsam: Fressen, Trinken, Staubbaden und Dösen. Wachteln, die sich gut verstehen, sitzen sehr gern dicht beieinander. Wachteln, die voneinander gestresst sind, haben ein größeres Körperdistanzbedürfnis. Sie halten Abstand. Sitzen also die Wachteln scheinbar gut verteilt jeweils einzeln in einer Ecke, so fühlen sie sich nicht unbedingt wohl. Ist das tagelang der Fall, so ist dies ein Stressanzeiger. Kuscheln sie zusammen, ist auf jeden Fall alles gut.

Diese Tenebrosus-Wachteln sind rundum zufrieden. Sie sitzen zusammen etwas erhöht auf einem Baumstamm.

Warum ruft meine Wachtel ständig?

Ein ständiges Rufen ist ein Hilfeschrei. Auslöser können Einsamkeit oder großer Stress sein. Bei einer Verletzung sind Wachteln meistens völlig ruhig. Bitte eine Handgesundheitskontrolle durchführen und ggf. die Haltungsbedingungen überdenken und anpassen. Vielleicht ist das Futter oder Wasser leer.

Machen Wachteln nachts Geräusche?

Normalerweise nicht. Wachteln sind tagaktiv und schlafen nachts. Gestresste Wachteln, die nachts durch irgendetwas Fremdes aufwachen oder sich gegenseitig stören, können auch nachts rufen.

Warum buddeln und scharren meine Wachteln immer wieder?

Das ist normales Verhalten. Sie suchen Futter, wollen sich beschäftigen, eine Staubbadmulde bauen oder eine Kuhle für ihr nächstes Ei anlegen.

Fünf Wachtelhennen sind für den Start eine schöne Gruppengröße. Ganz ähnlich wie bei Erdmännchen.

Wie viele Wachteln sollte man mindestens halten?

Mindestens drei bis fünf sind die üblichen Empfehlungen.

Wie viele Hennen pro Hahn sind ideal?

Hier gibt es unterschiedliche Meinungen. Einige sagen: zehn Hennen pro Hahn. Die Züchter setzen für eine gute Befruchtung gerne drei bis fünf Hennen zu einem Hahn. Wie bereits beschrieben, leben die wilden ursprünglichen Wachteln zeitweise auch als Pärchen zusammen. Auch diese Quote kann sehr gut funktionieren. Schlecht geklappt hat bei mir eine Zuchtgruppe mit zwei Hennen und einem Hahn (eine der Hennen wurde mutmaßlich von der anderen Henne verletzt).

Kann ich meine Wachteln streicheln, zähmen und auf die Hand nehmen?

Ja, das funktioniert sehr gut, wenn man sich immer wieder mit den Wachteln beschäftigt. Es gibt Wachteln, die von Grund auf sehr zahm sind und sich, ohne zu flüchten, berühren, streicheln und auf der

Hand herumtragen lassen. Es gibt aber auch welche, bei denen muss man sich das Vertrauen erst noch verdienen. Das Grundlevel, wie zahm oder scheu eine Wachtel ist, liegt hauptsächlich in der Genetik der jeweiligen Zuchtlinie und bei Vollgeschwistern nur in geringem Maße an individuellen Unterschieden. Ich bin mir sicher, dass dies, sofern der Züchter seinen Fokus darauf richten möchte, züchterisch innerhalb weniger Generationen bearbeitet werden kann. Aber auch eher scheue Wachteln lassen sich zähmen: Immer wieder ruhig und bedacht mit den Tieren umgehen ist der Schlüssel zum Erfolg. Immer wieder leckere Dinge mitbringen und anbieten: zuerst auf halber Distanz zwischen dem Tier und sich selbst ablegen und einfach

Mein schwarzer Zuchtstamm mit einem Hahn und drei Hennen hat in einer zwei Quadratmeter großen Voliere den gesamten Sommer 2025 gut miteinander harmonisiert.

Kaum eine Wachtel kann sich der Anziehungskraft eines knackigen Salatblattes entziehen.

Diese rote Henne hat gar kein Problem damit, bei mir frei auf der Hand zu stehen.

ruhig beobachten, ob sich das Tier traut. Sobald sich das Tier ohne Scheu gleich dem Leckerli nähert und frisst, kann man das Leckerli das nächste Mal näher zu sich selbst platzieren. Dann irgendwann in der Hand festhalten und die Wachtel fressen lassen. Als Leckerli reichen ein knackiges Stück Salatblatt, Löwenzahn oder Giersch völlig aus.

Irgendwann haben die Wachteln die Erfahrung abgespeichert, dass ihnen keine Gefahr von ihrem Betreuer droht. Kontraproduktiv ist natürlich, wenn man die Wachteln erschrickt, scheucht oder aufgeregte, plötzliche Bewegungen macht. Es kann hilfreich sein, sie vorsichtig in die Hand zu nehmen (ohne das Tier vorher zu scheuchen!), kurz zu halten und wieder freizulassen, um die Wachteln weiter an die Hand und auch die gelegentlichen Gesundheitshandkontrollen zu gewöhnen.

Können Wachteln untereinander Freundschaften schließen?

Ja. Das kann man in artgerechten privaten Haltungen deutlich beobachten. Sind die Gruppen etwas größer, ab etwa zehn, so bilden sich Cliquen, die gerne zusammensitzen. Nach meinen Beobachtungen sind sich die Wachteln dabei darüber klar, zu welchem Farbschlag sie gehören. In einer meiner Bruten im Frühsommer 2025 habe ich gelb-wildfarbene und schwarze Wachteln aus zwei Herkünften ausgebrütet. Es gab sieben schwarze und sechzehn gelb-wildfarbene Wachtelküken. Ich habe diese auf zwei Kükenheime aufgeteilt: Einmal vier schwarze mit acht gelb-wildfarbenen Küken. Einmal drei schwarze mit acht gelb-wildfarbenen Küken. Die sieben schwarzen Küken waren also in zwei Gruppen getrennt und wuchsen alle im Schnitt etwas zügiger als die gelben. Als ich dann die Küken mit gut drei Wochen alle zusammen in den gemeinsamen Jungtierstall setzte, wurde ich überrascht: Die sieben schwarzen Küken, die zuvor getrennt waren, haben sich zusammengerottet und ihren Bereich beansprucht. Ich habe zwar keine Streitereien beobachten können, aber bemerkt, dass kaum ein gelb-wildfarbenes Küken in den Bereich der schwarzen Wachteln einzudringen wagte. Da dieser Bereich direkt an den Wasserspender angrenzte, habe ich vorsorglich einen zweiten Wasserspender in der entfernten Ecke platziert.

Warum sitzen/liegen meine Wachteln so oft still herum?

Es ist völlig normal, dass Wachteln einen Großteil des Tages einfach nur an ihrem Lieblingsplatz sitzen oder liegen. Wenn sie ihren Kropf vollfressen, können sie die Nahrung daraus nach und nach in ihrer Deckung verdauen, ohne Gefahr zu laufen, dabei von einem möglichen Raubtier beim Fressen überwältigt zu werden. Dennoch sollten die Wachteln auch Zeit mit Sandbaden, Scharren, Laufen, Gehen, Picken, Kommunizieren, damit, Schwachstellen im Volierendraht zu suchen, Verstecke zu überprüfen, sich zu paaren, der Körperpflege, dem Eierlegen etc. verbringen. Beobachtet man seine Wachteln regelmäßig, ist mit einem Blick sofort klar, ob es normales Verhalten oder ein Anzeichen für Stress, Krankheit oder eine mögliche Verletzung ist.

Eine Handkontrolle kann schnell Aufschluss über eine mögliche Verletzung geben. Mehr dazu in Kapitel 11.

Warum kacken meine Wachteln ins Futter und Wasser, ist das normal?

Das ist leider ein ganz normales Verhalten. Die Wachteln setzen ihren Kot überall dort ab, wo sie gerade stehen. Um zu verhindern, dass Trinkwasser und Futter dadurch verunreinigt werden, kann man die Behälter etwas erhöht platzieren. Etwa auf Schulterhöhe der Tiere ist eine gute Höhe, die über der Kloake liegt und gleichzeitig ohne Probleme mit dem Schnabel zu erreichen ist.

Warum zerstreuen sie überall das Futter?

Wachteln sortieren gerne Futterkomponenten und suchen sich die Teile, die am leckersten sind. Dabei werfen sie oft mit dem Schnabel Futter zur Seite weg. Selbst bei zusammengepressten Pellets kann das passieren. Gitterstäbe in den Futterbehältern können das zum Teil verhindern. Futter zu verschwenden ist aus vielen Gründen unschön

Der Futterspender steht etwas erhöht und hat über der Rinne ein Gitter, so wird deutlich weniger Futter zur Seite weggeworfen.

und es kann, sollte es etwas feucht werden, auch schnell zu Schimmelbildung kommen. Daher darf man beim Wiederauffüllen des Futterspenders diesen ein paar Stunden außerhalb des Stalles lassen, damit das Futter noch aufgefressen wird, das unter und um den Futterspender herum in der Einstreu lag.

Warum legen die Wachteln ihre Eier nicht in die Nester, sondern irgendwo?

Es ist leider so, dass Wachteln ihre Eier erheblich mehr verlegen, als dies Hühner tun. Aber auch Wachteln legen im Prinzip gerne zusammen an einer passenden Stelle ihre Eier in ein Gelege (Nest). Nur ist diese „passende schöne Stelle“ schwieriger zu gestalten als bei Hühnern, wo man einfach ein Fake-Ei in eine Kiste oder einen Eimer platziert. In der Natur legen die wilden Wachteln in Deckung, z. B. im hohen Gras, ihre Gelege in einer einfachen flachen Mulde an. Das als Vorbild macht klar, warum die Wachteln meist ihre Eier lieber an den Seiten oder in den Ecken der Voliere ablegen als in die dunkle Hütte mit nur einem kleinen Eingang. Sie sind keine Höhlenbrüter. Ein wenig Nistmaterial unterstützt die Eiablage an der gewünschten Stelle;

Nicht alle Wachteleier werden in die Nester gelegt. Einige schon. Andere findet man lieblos abgesetzt neben dem Futterautomaten.

etwas Heu ist gut geeignet. So bleiben die Eier auch bis zum Einsammeln sauberer, als wenn sie irgendwo in der Ecke am Futterbehälter fallen gelassen werden. Mit etwas Experimentierfreude können halboffene Häuschen oder Legeplätze geschaffen werden, an denen man dann jeden Abend einen Großteil der Eier finden wird. Jedoch gibt es auch einige Wachteln, die ihre Eier genauso wie einen Kothaufen genau dort absetzen, wo sie in dem Moment stehen.

Da nun die häufig gestellten Anfängerfragen alle geklärt sind, ist die Freude groß, im nächsten Kapitel die unterschiedlichen Farbvarianten der Wachteln kennenzulernen. Werdet ihr euch für eine bunt gemischte Truppe entscheiden oder euch einen Hauptfarbenschlag aussuchen und vielleicht sogar in die Zucht einsteigen?

7

Farbvarianten, Zucht und Genetik

In diesem Kapitel wollen wir zuerst diverse wunderschöne Farbvarianten der Japanischen Wachteln betrachten. Alle Farben sind eine Abwandlung, eine Mutation der ursprünglichen Grundfarbe Wildfarben. Mehr zum Thema Zucht und der Vererbungslehre gibt es in der zweiten Hälfte des Kapitels. Einige der Fotos wurden für dieses Buch von Wachtelfreunden aus dem Sonderverein der Züchter Japanischer Legewachteln zur Verfügung gestellt. Herzlichen Dank!

Farbvarianten

Beginnen wir mit den Farben mit starkem Bezug zur Wildfarbe. Bei diesen Farben kann man bei den Jungtieren bereits am Federkleid das Geschlecht erkennen. Das geht etwa nach der zweiten Lebenswoche schon relativ gut und etwas später schon sehr sicher. Bei den Hennen ist die Brust gesprenkelt (mit vielen kleinen Punkten) und bei den Hähnen nicht. Die Hähne haben je nach Farbschlag eine etwas andersfarbige Brust als die Hennen.

Wildfarben, Normalfarben, engl.: wildtype, pharaoh

Ein vorzüglicher wildfarbener Hahn (Züchter: Ulrich Vilter).
Foto: Domenik Buschhorn

Eine vorzügliche wildfarbene Henne (Züchter Falk Elbers).
Foto: Domenik Buschhorn

Wildfarbene Kükenzeichnung. Foto: Jeffrey Krüger

Das ist der ursprüngliche Farbschlag, den auch die wilden Wachteln tragen. Für diese Farbe gibt es im BDRG eine Standardbeschreibung, sie ist damit für Ausstellungen anerkannt.

Gelb-Wildfarben, Goldsprenkel, Isabell, engl.: Italian. Genetisch „Fawn“ (heterozygot)

Ein hervorragender gelb-wildfabiger Hahn (Züchter: Jeffrey Krüger). Foto: Domenik Buschhorn

Eine vorzügliche gelb-wildfarbene Henne (Züchter: Jeffrey Krüger). Foto: Domenik Buschhorn

Gelb-wildfarbene Küken-
zeichnung. Foto: Jeffrey
Krüger

Für diese Farbe gibt es im BDRG eine Standardbeschreibung, sie ist damit für Ausstellungen anerkannt.

Gold, engl.: Manchurian. Genetisch „Fawn" (homozygot)

Noch weniger schwarze Flecken und Zeichnungsmuster als bei Gelb-Wildfarben. Die Hähne haben meist einen roten Kopf. Die Hennen, zum Teil auch die Hähne, zeigen vereinzelt Reste der Wildfarben-Zeichnung.

Ein Hahn, den ich als „gold"
bezeichne. © Mackland /
Shutterstock.com

Braun-Wildfarben, engl.: Egyptian

Ein vorzüglicher braun-wildfarbner Hahn (Zuchtgemeinschaft Buschhorn-Pinkernelle). Foto: Domenik Buschhorn

Eine vorzügliche braun-wildfarbene Henne (Zuchtgemeinschaft Buschhorn-Pinkernelle). Foto: Domenik Buschhorn

Braun-wildfarbene Kükenzeichnung. Foto: Jeffrey Krüger

Zeichnung wie die Wildfarbenen, aber wärmer und heller im Braunton, mehr rot- als graubraun. Für diese Farbe gibt es im BDRG eine Standardbeschreibung, sie ist damit für Ausstellungen anerkannt.

Silber-Wildfarben, Falbfee

Ein vorzüglicher silber-wildfarbener Hahn (ZG Derjung). Foto: Domenik Buschhorn

Eine hervorragende silber-wildfarbene Henne (ZG Buschhorn). Foto: Domenik Buschhorn

Silber-wildfarbene Kükenzeichnung. Foto: Jeffrey Krüger

Zeichnung wie die Wildfarbenen, jedoch fast ohne Rot- und Brauntöne. Für diese Farbe gibt es im BDRG eine Standardbeschreibung, sie ist damit für Ausstellungen anerkannt.

Creme-Wildfarben, Perlfee

Zeichnung wie bei Gelb-Wildfarbenen, jedoch ohne Rot- und Brauntöne. Für diese Farbe gibt es im BDRG eine Standardbeschreibung, sie ist damit für Ausstellungen anerkannt.

Ein vorzüglicher creme-wildfarbener Hahn (Züchter: Christopher Frohberg). Foto: Domenik Buschhorn

Eine vorzügliche creme-wildfarbene Henne (Züchterin: Venja Otzen). Foto: Domenik Buschhorn

Blau-Wildfarben

Was im Geflügelbereich als Blau bezeichnet wird, ist optisch betrachtet ein Grau. Dieser Farbenschlag ist mit Stand 2025 im BDRG im Vorstellungsverfahren für die Anerkennung.

Ein blau-wildfarbener Hahn (Züchter: Elias Andrecht).
Foto: Domenik Buschhorn

Eine blau-wildfarbene Henne (Züchter: Elias Andrecht).
Foto: Domenik Buschhorn

Pastell-Wildfarben

Dieser Farbenschlag ist mit Stand 2025 im BDRG im Vorstellungsverfahren für die Anerkennung.

Ein hervorragender pastell-wildfarbener Hahn (Züchter: Jonas Gebert). Foto: Domenik Buschhorn

Eine wunderschöne pastell-wildfarbene Henne (Züchter: Jonas Gebert). Foto: Domenik Buschhorn

Tenebrosus, Dunkel-Wildfarben, engl.: Rosetta. Genetisch Extended Brown (heterozygot)

Rot-braun und schwarz gezeichnete Tiere. Eine helle Schaftstrichzeichnung (des Mittelkiels bzw. der Feder) verrät, dass es ein heterozygotes Tier ist. Die Geschlechtsunterscheidung anhand des Gefieders ist nicht möglich. Diese Farbe ist in den Niederlanden bereits vom Verband als „Dunkel-Wildfarben" anerkannt und könnte somit in einem Vorstellungsverfahren auch in Deutschland im BDRG relativ zügig (damit meine ich ein bis vier Jahre) standardisiert und anerkannt werden. Dazu müssten sich aber engagierte Züchter finden, die diesen Prozess anstoßen und vorantreiben.

Eine Tenebrosus-Wachtel in der Ausprägung heterozygot eB bei Dr. Bene Sauer.

Tenebrosus, engl.: Tibetian. Genetisch Extended Brown (homozygot)

Rot-braun und schwarz gezeichnete Tiere. Geschlechtsunterscheidung anhand des Gefieders ist nicht möglich.

Eine Tenebrosus-Wachtel in der Ausprägung homozygot (vermutet) eB bei Dr. Bene Sauer.

Tenebrosus-Kükenzeichnung.

Rotkopf, engl.: Pansy, Redhead

Hähne mit rotem Kopf. Kann mit homozygoten „Fawn"-Tieren verwechselt werden. Diese Farbmutation verändert die zugrundeliegende Farbe und hat daher unterschiedliche Ausprägungen.

Ein junger Hahn in der Variante Rotkopf. Seine Körperform ist rasseuntypisch langgestreckt und nicht eiförmig. Vergleicht gern mit den vorzüglichen Wachteln weiter oben.

Rotkopf-Kükenzeichnung.

Eine schöne Henne in der Farbvariante Rotkopf.

Sparkley, engl.: Sparkly (heterozygot)

Sparkley ist keine eigene Farbe, sondern eine Mutation, die die Farbverteilung von anderen Farben und Zeichnungsmustern verändert. Es gibt daher verschiedene Ausprägungen von Sparkley, je nach „darunterliegender" Farbvariante. Sparkley-Hähne zeigen ein Zeichnungsmuster auf der Brust, daher ist die Geschlechtsbestimmung über die Brustzeichnung hier schwieriger als bei wildfarbenen Varianten.

Eine bildhübsche sechs Wochen alte Sparkley-Wachtel über gelb-wildfarben (Züchter Dr. Bene Sauer).

Eine Henne in der Variante Sparkley über Tenebrosus heterozygot.

Ein sechs Wochen alter Sparkley-Hahn über braun-wildfarben (bei Dr. Bene).

Weiß

Im BDRG für Ausstellungen anerkannt. Eine Geschlechtsbestimmung anhand der Farbe ist nicht möglich.

Eine vorzügliche weiße Henne (Züchter: Mario Edler). Foto: Domenik Buschhorn

Weiße Kükenzeichnung.

Weiß mit Nackenfleck, Engl.: English White bzw. Dotted White

Weiß mit Fleck am Hinterkopf. Manchmal am hinteren Rücken noch ein farbiger Fleck. Diese Mutation macht das Tier weiß und nur an diesen Stellen scheint die unterliegende Farbe durch. Eine Geschlechtsbestimmung anhand der Farbe ist nicht möglich.

Eine Henne in der Variante Dotted White mit dem typischen Farbfleck im Nacken. Foto: Josefine Brömmelmeier

Dotted-White-Kükenzeichnung. Foto: Josefine Brömmelmeier

Panda

Weiße Grundfarben mit zwei größeren Flecken des darunterliegenden Gefieders am Hinterkopf und auf dem hinteren Rücken. Also ähnlich den „Dotted White“ bzw. „English White“, nur immer mit zwei Flecken und die Flecken sind größer. Da die Brust weiß ist, kann das Geschlecht nicht am Gefieder erkannt werden.

Rot

Rot ist für mich eine Farbvariante, die unbedingt in den nächsten Jahren auch auf den Weg zur Anerkennung im BDRG gebracht werden sollte. Ohne Standardbeschreibung gibt es bislang unterschiedliche genetische Varianten und Ausprägungen, die alle in die Gruppe „Rot“ zählen: Orange, Scarlet, Roux, Red Range, Rusty, Strawberry. Eine Geschlechtsbestimmung anhand der Farbe ist nicht möglich.

Eine rote Wachtel.

Rote Kükenzeichnung.

Schwarz

Eine Geschlechtsbestimmung anhand der Farbe ist nicht möglich. Im Sonderverein der J. Legewachteln wird derzeit diskutiert, diese Farbe für ein Sichtungsverfahren anzumelden. Nach erfolgreicher Sichtung durch den Bundes-Zucht- und Anerkennungsausschuss könnte ein Vorstellungsverfahren eingeleitet werden, um diese Farbe im BDRG zu standardisieren. Der Zeithorizont dafür sind drei bis fünf Jahre.

Eine wunderschöne schwarze Wachtel (Züchterin: Josefine Brömmelmeier). Foto: Josefine Brömmelmeier

Schwarze Kükenzeichnung. Die weiße Schecken- und Latzzeichnung um die Augen und auf der Brust aus dem Kükenflaum verwächst sich später zum Teil noch zu schwarz.

Schecken, engl.: Tuxedo

Es gibt einige unterschiedliche Scheckungsmuster bei Wachteln. Der Scheckenfleck ist immer weiß und überschreibt auf bestimmten Körperpartien die darunterliegende Farbe. Das kann nur ein weißer Latz unter dem Schabel oder ein weißer Fleck oder Querstreifen auf der Brust sein, der gesamte Unterkörper, die Flügel, oder im Übergang zu Dotted White nur noch ein kleiner Farbtupfer am Hinterkopf übrig bleiben, bis hin zu komplett weißen Tieren, die ab und an noch einzelne Farbfedern zeigen. In Kombination der Flecken mit verschiedenen Farbtönen als Grundfarbe ergeben sich zahlreiche Kombinationen. Bei den allermeisten ist eine Geschlechtsunterscheidung am Brustgefieder nicht möglich.

Eine hübsche rot-weiß gescheckte Henne bei Dr. Bene. Diese ist zudem eine Celadon-Spalterin.

Tenebrosus-Schecken-Kükenzeichnung.

Eine schwarze Wachtel mit der Scheckenzeichnung dicker Brustquerstreifen und großes weißes Lätzchen unter dem Schnabel. Foto: Josefine Brömmelmeier

Ein schöner wildfarben-gescheckter Hahn (Züchter: Elias Andrecht). Foto: Domenik Buschhorn

Graufee

Graufee ist die Fee der Farbe Tenebrosus. Fee nimmt quasi die Sättigung aus den Braun-, Rot- und Gelbtönen im Gefieder. Genau wie Silber-Wildfarben die Fee der wildfarbenen und Creme-Wildfarben die Fee der gelb-wildfarbenen Wachteln ist. Graufee lässt sich also erzeugen, indem Tenebrosus mit Silber oder Creme-Wildfarben gekreuzt wird. Fee ist unvollständig dominant, weiter unten mehr dazu. Viel Spaß mit diesem Wissen!

Eine Wachtel in der seltenen Farbvariante Graufee. Foto: Josefine Brömmelmeier

Getupft

Weiße Tupfen überziehen das Tier. Am gefälligsten wäre es, wenn die Tupfen möglichst gleichmäßig verteilt wären. Die Tupfen können genetisch als eine besondere Scheckungs-Variante angesehen werden. Unter den weißen Tupfen können also alle anderen Grundfarben auftreten. In Kombination mit Schwarz würde ich das gerne mal sehen.

Eine Wachtel in der Variante Weiß-Getupft. Foto: Josefine Brömmelmeier

Die Japanischen Wachteln werden im englischen Sprachraum grob in drei Gewichtsklassen eingeteilt: Bantam, also Zwerge mit weniger als 141 g (< 5 oz), Standard mit 141 bis 283 g (5 bis 10 oz) und Jumbos mit mehr als 284 g (> 10 oz). In Deutschland hat der Sonderverein der Züchter Japanischer Legewachteln das Standardgewicht auf 250 bis 300 g festgeschrieben. Etwas größere Wachteln sind häufig etwas ruhiger und frohwüchsiger. Sie legen etwas größere Eier als zierliche Wachteln und werden meist auch als vitaler wahrgenommen. Die deutsche Einteilung trägt also der Entwicklung in Deutschland und Europa Rechnung, dass viele private Halter und Züchter eine etwas schwerere Wachtel bevorzugen.

SONDERVEREIN DER ZÜCHTER

JAPANISCHER LEGEWACHTELN

Der Sonderverein stellt sich vor:

Die Japanische Legewachtel eignet sich als kleinster, wirtschaftlich bedeutender Hühnervogel wie keine andere Art dazu, im kleinen Rahmen die ganze Bandbreite der Geflügelzucht erlebbar zu machen. Ihr geringer Platzanspruch, die Kunstbrutfestigkeit der Eier, die angeborene Frohwüchsigkeit, ihr Leistungspotenzial und ihre leise Stimme machen sie zum idealen Nutz- und Ausstellungsgeflügel für Liebhaber mit geringem Platzangebot. Auch die Erstausstattung für den Aufbau einer Zucht ist im Vergleich mit Hühnern oder Tauben weitaus günstiger.

2015 wurde der Sonderverein (SV) der Züchter Japanischer Legewachteln gegründet. Damit waren endlich auch die Japanischen Legewachteln durch den Bund Deutscher Rassegeflügelzüchter (BDRG) als Rassegeflügel anerkannt: Das Ausstellen und die Zucht nach definierten Kriterien sind seitdem auch in Deutschland möglich.

Ziel des SV ist es, die Zucht Japanischer Legewachteln im BDRG weiter zu fördern, interessierten Züchtern beratend zur Seite zu stehen und zukünftig ein Standardwerk für die Japanische Legewachtel zu entwickeln. Bislang umfasst dieser Standard bereits die Farbvarianten Wildfarben, Gelb-Wildfarben, Braun-Wildfarben, Silber-Wildfarben, Weiß und Creme-Wildfarben. Als Nächstes folgen voraussichtlich (2026 oder 2027) die blau-wildfarbenen und pastellfarbenen Farbvarianten. In spe danach die schwarzen und gescheckten. Am Horizont für die nächsten Jahre gibt es noch zahlreiche weitere Farben und Muster.

Die Zulassung und Anerkennung von weiteren Farben durch den Bundeszuchtausschuss im BDRG ist aber nur sinnvoll, wenn es auch ausreichend Züchter und Liebhaber für diese Farben gibt. **Der Sonderverein freut sich über jeden interessierten Züchter, der mithelfen möchte, diese Ziele umzusetzen.**

Die vorgegebene engere Gewichtsspannweite (50 g) von 250 bis 300 g soll die Rasse einheitlicher und vergleichbarer machen, sodass sie immer mehr auch als eine Rasse, z. B. auch von den Zuschauern einer Ausstellung, wahrgenommen wird. Beim internationalen Vorschlang von 141 bis 283 g für Standardwachteln kann das eine Tier doppelt oder nur halb so groß sein wie das Tier daneben. Das entspricht nicht dem Rassegedanken im Bund Deutscher Rassegeflügelzüchter (BDRG), der mithilfe der Sondervereine und Preisrichter bemüht ist, die Rassen als solche sehr gut erkennbar am Leben zu halten und über die Jahre immer ein kleines Stück weiter zur formulierten „Perfektion" im Rassegeflügelstandard zu bringen. **Dabei ist der Leitsatz, dass Vitalität, Schönheit und Leistung gleichzeitig anzustreben sind.**

Auf den Rassegeflügelausstellungen können von den Preisrichtern die Schönheitsmerkmale anhand der Standardvorgaben sehr gut überprüft und bewertet werden. Zum kleinen Teil auch die Vitalität, die aber ebenso wie die Leistung der gesamten Zuchtgruppe (u. a. Legeleistung, Befruchtungsrate, Frohwüchsigkeit, Krankheitsresistenz) Hauptaufgabe des Züchters zu Hause ist. Die Ausstellungen im Herbst

Die Wachteln sind für die Ausstellung und Bewertung weniger als 48 Stunden im Ausstellungskäfig, worin zwei Nächte enthalten sind. Dies ist einmal im Jahr notwendig, damit die ausgebildeten Preisrichter den Züchtern wertvolle Rückmeldungen zum Rassestand und der Farbe geben können.

sind als das Zuchtjahr krönende Schönheitswettbewerbe konzipiert. Im Umkehrschluss bedeutet dies aber keinesfalls, dass Ausstellungszüchter ausschließlich auf Schönheitsmerkmale züchten, um sich dann die nächste Bundessiegertrophäe als Staubfänger an die Wand zu hängen.

Wer ausschließlich auf Schönheitsmerkmale züchtet, fährt seine Zucht innerhalb von wenigen Generationen gegen die Wand. Das ist verantwortungslos den Tieren gegenüber und könnte sogar die Kriterien der Qualzucht erfüllen (Qualzucht: 1. Es ist genetisch. 2. Es ist vorhersagbar. 3. Es bereitet den Tieren Qualen.).

Auch bei den Japanischen Legewachteln gibt es genetische Lethalfaktoren, die in einer verantwortungsvollen Zucht meiner Meinung nach unbedingt „ausgemerzt“, also durch Auslese oder eine Nichtweitervermehrung, entfernt werden sollten. Die Genmutationen, die einen Qualzuchtaspekt darstellen können, sind unten in der Tabelle

Manche engagierte Ausstellungszüchter haben in ihrem Leben schon so viele Preise gewonnen, dass sie mit den Pokalen, Tellern und Ehrenbändern einen gesamten Raum dekorieren können.

Ein knapp drei Wochen altes Küken mit dem Symptom: Schiefer Hals (engl. wyr neck).

vermerkt und markiert, z. B. „dilluted down lethal“ (Farbverdünnung), „light down lethal“ (Aufhellung), „wyr neck“ (schiefer Hals), „star gazing“ (Kopf in den Nacken), „back drawer“ (Rückwärtsläufer). Lethalfaktoren bewirken, dass die Küken im Ei oder kurz nach dem Schlupf sterben. Ihrer Natur nach müssen Lethalfaktoren rezessiv vererbt werden (das genetische Vokabular wird etwas weiter unten erläutert). Vollständig dominant können Lehtalfaktoren nicht sein, da sie sich sonst nach nur einer Generation schon selbst zusammen mit den gestorbenen Küken eliminiert hätten. Rezessiv können diese Mutationen sehr lange unbemerkt in einer Zucht oder bei einer unkontrollierten Vermehrung überdauern und jedes Mal, wenn der Hahn auch das rezessive Allel trägt und im Zuchtstamm auch eine oder mehrere der Hennen das Allel tragen, gibt es um bis zu 25 % erhöhte „Ausfälle“. Das können nicht geschlüpfte Küken oder an den ersten Tagen versterbende Küken sein. Oder im Fall von „wyr neck“ (Schiefhals) auch später auftretende Komplikationen. Trägt nur eine von drei Zuchtstamm-Hennen auch das rezessive Allel, so gibt es nur 6 % zusätzliche Ausfälle, die im Grundrauschen von normal auftretenden Verlusten wahrscheinlich nicht dokumentiert und bemerkt werden. Eine ehrliche und gute Abstammungs-, Schlupf- und Aufzuchtdokumentation ist als Werkzeug geeignet, um Lethalfaktoren zu überwinden. Weiter unten folgt dazu ein Beispiel, nachdem die Begriffe der Vererbungslehre erläutert wurden.

In immer mehr Orts- und Sondervereinen wird ein Zuchtverhalten ausschließlich auf Schönheitsmerkmale (mutmaßlich von wenigen schwarzen Schafen praktiziert) negativ wahrgenommen, zum Teil auch schon angesprochen. Als Negativbeispiel führe ich hier Chabos an. Das ist eine niedliche sehr kurzbeinige Urzwerg-Hühnerrasse.

Dass die Kurzbeinigkeit ein möglicher Lethal- und Qualzuchtfaktor ist, ist schon sehr lange bekannt. Einzelne neue Forschungsergebnisse zeigen auf, dass die Vererbungstheorie dabei nicht 100 % den mathematischen Regeln einer einfachen lehrbuchmäßigen rezessiven Vererbung folgt. Es ist komplizierter. Die angepassten Interpretationen der neusten Forschungsergebnisse zur Kurzbeinigkeit werden allerdings in manchen Kreisen ignoriert und so findet sich kein Hinweis auf eine mögliche Qualzucht im FAQ für Zuchtanfänger auf der Webseite des Chabo Club (Sonderverein der Chabo Züchter). Auf meine Anfragen und Hinweise in Bezug auf die Chabos wurde leider vonseiten des Clubs der Chaboszüchter nicht reagiert (Stand Okt. 2025; Anfrage erfolgte Ende 2024).

Eine hocherfreuliche gegenteilige Reaktion gab es im Sonderverein der Krüper-Hühner, auch eine kurzbeinige Rasse: Auf der Webseite findet sich (seit meiner Anfrage 2024) ein deutlicher Zuchthinweis, dass auch langbeinige Tiere ein Partner in der Verpaarung sein sollen. Noch beeindruckender ist, dass auf Bestreben des Bundes-Zucht- und Anerkennungsausschuss im BDRG seit 2024 nun auch langbeinige Krüper-Hühner auf Ausstellungen bewertet werden dürfen. Gleiches gilt für die Chabos. Bemerkenswert, da die Kurzbeinigkeit eigentlich ein Hauptrassemerkmal ist.

Ein Chabo-Hahn. Er steht aufrecht. Die Beine sind so extrem kurz.
© Eric Isselee / Shutterstock.com

Eine Chabo-Henne. Sie steht aufrecht.
© Erich Isselee / Shutterstock.com

Eine Gruppe Krüper-Hennen. Der Name Krüper kommt von „kriechen", nicht von „stolzieren". Foto: Sonja Leonhardt

Zurück zu den Wachteln. Grob gesagt sollen die Japanischen Wachteln viele Rundungen zeigen. Wenn sie ruhig stehen, sollen sie mit dem Körper die Form eines liegenden Eies zeigen. Der Schwanz oder eventuell überstehende Flügel sollen diese Eiform möglichst nicht brechen. Das würde unschön aussehen.

Die Standardbeschreibung für die Japanischen Legewachteln in Deutschland lautet:

Rumpf: gedrungen, allseits gut gerundet, gleichmäßig nach hinten verjüngt; Hahn meist etwas kleiner und schlanker als die Henne.

Haltung: leicht abfallend, oft etwas geduckt.

Rücken: mittellang, breit, gut gerundet.

Brust: voll, breit und rund.

Flügel: den Körper nicht überragend und gut anliegend.

Hals: kurz, kräftig, nach unten breiter werdend.

Kopf: klein, oben flach abgerundet, kompakt wirkend.

Schnabel: mittellang, kräftig, Farbe siehe Farbschläge.

Augen: klein, mittig im Kopf liegend, schmaler, möglichst unauffälliger Augenrand, Farbe siehe Farbschläge.

Läufe: relativ kurz, etwas hinter der Körpermitte angesetzt, das Fersengelenk vom Gefieder verdeckt; Farbe siehe Farbschläge.

Schenkel: kaum sichtbar.

Schwanz: kurz, in der Haltung der Rückenlinie folgend.

Gefieder: glatt anliegend.

Grobe Fehler: zu grober, starker oder zu schmaler Körper; gerader Rücken; nicht der Rückenlinie folgende, gewinkelte Schwanzhaltung; längliche, spitze Kopfform.

Gewicht: 250 bis 300 g, der Hahn erscheint meist etwas leichter.

Bruteier-Mindestgewicht: 12 g.

Schalenfarbe der Eier: weiß bis beigebraun, auch ins Graue gehend; mehr oder weniger unregelmäßig dunkelbraun gefleckt.

Ringgröße: 6 mm.

Videotipp: Tierbesprechung von braun-wildfarbenen Wachteln durch einen Sonderpreisrichter mit Tipps für den Zucht- und Ausstellungserfolg:

Zucht

Diese Aussage ist falsch: „Man kann auch ohne Hahn züchten, indem man sich Bruteier schicken lässt und diese ausbrütet."

Es gibt große Unterschiede darin, einmal aus Versandbruteiern Küken auszubrüten, eigene Wachteln unkontrolliert zu vermehren und Wachteln gezielt zu züchten. Das Zauberwort dabei ist das definierte Ziel, welches Merkmal oder welche Eigenschaft bei der Nachzucht möglichst ein Stück weiter gegenüber den Vorgängergenerationen verbessert werden soll. Dies geschieht durch die menschliche Auswahl der Elterntiere. Welches Tier darf in die Zuchtgruppe, und welches sollte seine Gene besser nicht weitergeben? Das ist die größte und entscheidende Herausforderung bei der Zucht. Diese Entscheidung fällt leichter, wenn für jede Generation nur ein, zwei oder drei Zuchtziele formuliert werden. Besucht man mit seinen Tieren eine Rassegeflügelausstellung, bekommt man schriftlich auf den Bewertungskarten vom Preisrichter hilfreiche Hinweise für die äußeren Schönheitsmerkmale seiner Tiere. Diese Karten sind in drei Bereiche aufgeteilt: 1. die Vorzüge der Tiere, 2. die Wünsche an das Tier, 3. die Mängel.

Gerade die Benennung der Wünsche und Fehler schult den Blick auf die angestrebte Perfektion enorm. Hierbei geht es lediglich um die Perfektion der äußeren Merkmale in Übereinstimmung mit der von Menschen formulierten Rassestandardbeschreibung. Jedes Tier ist insgesamt liebenswert und sollte mit Respekt und artgerecht behandelt werden. Daher werden die Tiere auch nach dem aktuell üblichen Rassestand in Deutschland bewertet. So kann auch ein Tier, das nur zu 97 % und nicht zu 100 % perfekt ist, im Rassegeflügelbereich „nach dem aktuellen Zuchtstand" die Bestnote „vorzüglich, 97 Punkte" erreichen. Grundlage und zwingende Notwendigkeit in der Zucht sollte die Vitalität und Gesundheit der Tiere sein. Ohne diese würde die eigene Zucht, z. B. durch zu viel Inzucht, innerhalb weniger Generationen mit Volldampf an die Wand gefahren werden, wenn die Tiere zunehmend unfruchtbar werden, viele Küken-Missbildungen zeigen oder zu schwach zum Wachsen sind. Ein formuliertes Zuchtziel auf

Eine exemplarisch ausgefüllte Bewertungskarte. Die Augenzügel sind die hellen Streifen über den Augen. Foto: Jeffrey Krüger

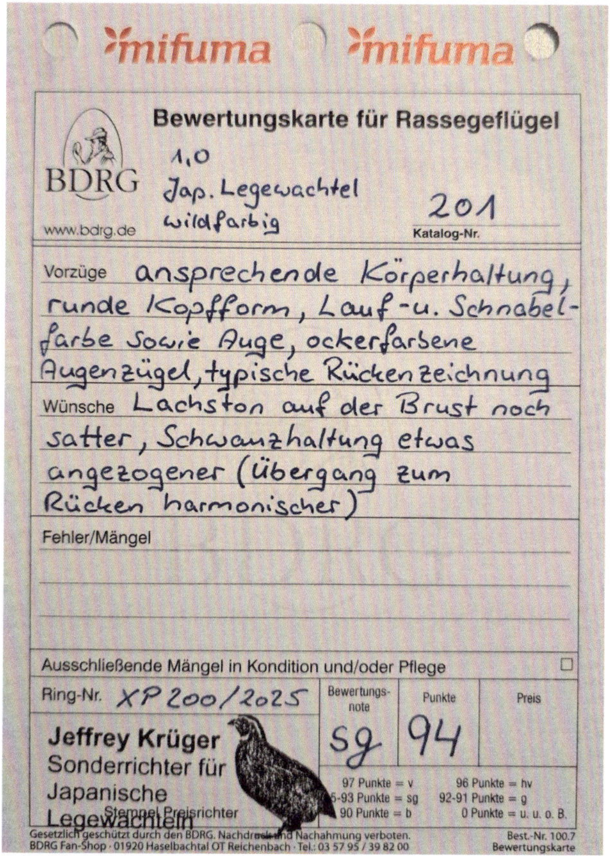
mifuma mifuma

Bewertungskarte für Rassegeflügel

BDRG

www.bdrg.de

1,0

Jap. Legewachtel

wildfarbig

201

Katalog-Nr.

Vorzüge ansprechende Körperhaltung, runde Kopfform, Lauf- u. Schnabelfarbe sowie Auge, ockerfarbene Augenzügel, typische Rückenzeichnung

Wünsche Lachston auf der Brust noch satter, Schwanzhaltung etwas angezogener (Übergang zum Rücken harmonischer)

Fehler/Mängel

Ausschließende Mängel in Kondition und/oder Pflege

Ring-Nr. XP 200/2025	Bewertungsnote	Punkte	Preis
Jeffrey Krüger Sonderrichter für Japanische Legewachteln Stempel Preisrichter	sg	94	

97 Punkte = v
96 Punkte = hv
95-93 Punkte = sg
92-91 Punkte = g
90 Punkte = b
0 Punkte = u. u. o. B.

Gesetzlich geschützt durch den BDRG. Nachdruck und Nachahmung verboten.
BDRG Fan-Shop · 01920 Haselbachtal OT Reichenbach · Tel.: 03 57 95 / 39 82 00
Best.-Nr. 100.7 Bewertungskarte

der Vitalitätsgrundvoraussetzung muss aber keinesfalls nur ein äußeres Merkmal aus dem BDRG-Rassestandard sein. Mögliche andere Zuchtziele können sein: Jumbo-Wachteln in einer bestimmten Farbe, gesunde Celadon (Blauleger) in einer bestimmten Farbvariante, sehr zahme Wachteln, leise Hähne, noch nicht anerkannte Farbvarianten, Wachtelhennen, die zuverlässig ins Nest legen, eine hohe Legeleistung, ein besonders schönes Fleckenmuster auf den Eiern, ein besonders angenehmes Zwitschern etc.

Ein sehr starkes Werkzeug in der Tierzucht ist die Dokumentation und der Herkunftsnachweis der Tiere. Hier sind Wachteln im Gegensatz zu Hühnern unglaublich hilfreiche Tiere, da bei kleinen

Zuchtgruppen die Eier anhand der Muster, Grundfarbe, Größe und Form mit sehr großer Sicherheit einer bestimmten Henne zugeordnet werden können. Wie oben bereits ausführlich beschrieben, funktioniert eine temporäre Paarhaltung bei Wachteln meistens auch sehr gut. Die Voraussetzungen für eine gute Zuchtarbeit sind bei Wachteln also sehr gut. Verstärkt wird das noch dadurch, dass es durch die schnelle Aufzucht möglich ist, in einem Kalenderjahr sogar drei oder vier Generationen voranzuschreiten.

Sporadisch gezielt eingesetzte Inzucht, also Vollgeschwisterverpaarung oder eine Rückpaarung an ein Elterntier, ist in der Geflügelzucht eine übliche Vorgehensweise. Mit Kenntnissen in der Vererbungslehre lassen sich so Eigenschaften innerhalb ganz weniger Generationen schnell verstärken oder herauszüchten. Der Weg zu reinerbigen Tieren ist somit kürzer. Inzuchtdepressionen können aber auch bei Geflügel auftreten. Ernstzunehmende Alarmzeichen für „zu viel" Inzucht sind zurückgehende Befruchtungs- und Schlupfquoten sowie vermehrtes Auftreten von Missbildungen wie Kreuzschnäbel, Spreizbeine, Sichelzehen, Kümmerküken und schiefe Hälse. In einem Experiment haben Forscher siebzehn Zuchtgruppen mit Japanischen Wachteln gestartet und als Vollgeschwister-Inzuchtlinien fortgeführt. Nach nur fünf Generationen waren nur noch sechs der anfänglich siebzehn Linien vorhanden. Elf Linien von Vollgeschwisterverpaarungen waren zuvor schon nach vier Generationen vollkommen unfruchtbar geworden.

Als Züchter hat man eine große Verantwortung den Einzeltieren und der Rasse gegenüber. Es gilt, ein vernünftiges Maß zu halten zwischen dem Ehrgeiz und dem Anspruch, Merkmale zu verbessern und gleichzeitig eine artgerechte Haltung mit vitalen Tieren innerhalb der finanziellen, zeitlichen und räumlichen Einschränkungen zu managen. Um überhaupt die besten Tiere für die nächste Verpaarung auswählen zu können, ist es notwendig, mehr Tiere auszubrüten, als die finale Anzahl der Tiere in der Zuchtgruppe. Als Züchter ist es also zwingend notwendig, eine Strategie für die überschüssigen Tiere bereitzuhaben. Hennen können meist gut verkauft oder in die Legetruppe gesetzt werden. Die Hälfte der Küken sind aber Hähne. Diese der eigenen Küche zuzuführen, ist die gängige Strategie für private Züchter. Immer mal wieder bin ich verstört und verärgert, wenn ich beim Privatverkauf von drei Wachtelhennen die Aussage höre, „man wolle die Wachteln ja nur privat halten". Sämtliche Wachtelzüchter, die ich kenne, machen das „ehrenamtlich" privat als Hobby.

Wachteln züchten bedeutet also erheblich mehr als das einmalige Ausbrüten von Versandbruteiern. Sehr wohl beginnt aber jede Zucht mit dem Ausbrüten von fremden Eiern oder dem Kauf einer Zuchtgruppe.

Einführung in die Genetik

Begriffe in der Genetik:

DNA (Desoxyribonukleinsäure bzw. engl. *Acid*): Ist der Träger der Erbinformationen, quasi eine Doppelhelix als Massenspeicher mit den Basen Adenin (A), Thymin (T), Cytosin (C) und Guanin (G). AT und CG gehören immer zusammen. Ähnlich wie ein Computer Abfolgen aus Nullen und Einsen speichert, setzt sich bei der DNA die Information aus Abfolgen von AT und GC zusammen.

Gene: Das sind bestimmte Abschnitte auf dem DNA-Strang. Der Genort sagt, welche Erbinformation auf diesem Abschnitt liegt, z. B. die Gefiederfarbe. Also das „Was" ist dort kodiert. Menschen haben etwa 20.000 Gene. Für Wachteln werden etwa 16.000 Gene vermutet.

Allel: Die Küken (und auch wir) bekommen jeweils einen Genstrang von der Mutter und vom Vater. Es gibt also zwei Allele an jedem Genort. Die Allele können unterschiedliche Informationen tragen, wie das dort liegende Merkmal ausgeprägt sein soll, z. B. von der Mutter „Wildfarben" und vom Vater „Schwarz". Dort ist also die Ausprägung kodiert.

Chromosomen: Das sind die Träger der Erbinformationen auf Zellebene. Eine Art Verpackung der Gene. Menschen haben 23 Chromosomenpaare. Wachteln haben 39 Chromosomenpaare.

Genom: Das ist die Gesamtheit aller Chromosomen, also aller Erbinformationen. Ein Chromosomensatz stammt von der Mutter und einer vom Vater.

Gonosomen: Das sind die zwei Chromosomen, die das Geschlecht bestimmen. Bei Säugetieren XY und bei Vögeln ZW. Säugetierweibchen haben XX, Säugetiermännchen XY. Bei Vögeln ist es umgekehrt, das Tier mit zwei unterschiedlichen Buchstaben ist die Henne. Hennen haben ZW, Hähne ZZ.

Autosomen: Das sind alle normalen Chromosomen außer den beiden Gonosomen. Spermien und Eizellen haben je einen einfachen Chromosomensatz. Beide verschmelzen bei der Befruchtung dann zum doppelten Chromosomensatz.

Gonosomale Vererbung: Das Merkmal wird auf dem Gonosom, dem Chromosom mit den Informationen zum Geschlecht, vererbt.

Autosomale Vererbung: Das Merkmal wird auf einem Chromosom vererbt, das kein Geschlechtschromosom ist.

Für die Vererbungslehre und die Zucht ist es insbesondere spannend zu wissen, wie sich die jeweiligen Allele – also die Informationen über die Ausprägung (z. B. für die Farbe) – zueinander verhalten, wenn von der Mutter und dem Vater unterschiedlich kodierte Allele aufeinandertreffen. Diese Beziehung der Allele zueinander wird als dominant, unvollständig dominant, intermediär oder rezessiv beschrieben.

Dominant: Ein dominantes Allel setzt sich mit seiner Ausprägung voll gegenüber dem rezessiven Allel durch.

Rezessiv: Diese Ausprägung wird nur umgesetzt, wenn sie auf beiden Allelen, also homozygot, vorliegt.

Unvollständig dominant: Ein unvollständig dominantes Allel verändert die Ausprägung bereits, auch wenn es nur heterozygot vorliegt. Liegt es homozygot vor, wird die Ausprägung noch stärker verändert.

Homozygot: Das Allel liegt in der gleichen Ausprägung doppelt vor. Es ist reinerbig, da kein anderes Allel weitervererbt werden kann.

Heterozygot: Das Allel besetzt nur einen der zwei Plätze. Es ist spalterbig, da es nur in 50 % der Fälle an die Nachkommen weitergegeben wird.

Hemizygot: Hähne haben als Geschlechtschromosomen ZZ und Hennen ZW. Über die Gonosomen werden nicht nur das Geschlecht, sondern auch weitere Informationen vererbt. Dieser Erbgang ist dann geschlechtsgebunden. Die Ausprägung ist zuweilen bei den Hähnen stärker, da sie dort doppelt vorliegt (Hähne haben zwei Z). Die Hennen haben von der geschlechtsgebundenen Information vom Z in diesem besonderen Fall nur ein Allel, weil diese Information nicht auf dem W vorhanden ist. Es kommt also bei der Henne immer zur Ausprägung, obwohl diese Ausprägungsinformation nur durch ein Allel allein bestimmt wird. Die Information kommt im Phänotyp voll zum Tragen, aber die Henne vererbt es nur an 50 % ihrer Nachkommen.

Phänotyp: Das Aussehen des Tieres. Rezessive Gene können vorhanden sein, treten aber in ihrer Ausprägung nicht hervor. Im Falle von dominanten Allelen könnte das, was man von außen sieht, genetisch heterozygot (spalterbig) oder homozygot (reinerbig) vorliegen.

Genotyp: Das ist das Wissen über die genetische Ausstattung der Allele. Bei rezessiven Allelen weiß man sofort, dass es doppelt vorliegt. Eine blaulegende Henne muss das rezessive Celadon-Allel doppelt tragen, da sie, wenn sie es nur heterozygot hätte, normale Eier legen würde. Durch Verpaarungsexperimente, Dokumentation oder Gentests lässt sich mehr Wissen über den Genotyp auch für dominante Allele erlangen.

Am Beispiel der Eifarbe schauen wir uns einen Erbgang für rezessive Allele an:

Das Celadon-Gen für die bläuliche Eierschalenfarbe ist rezessiv gegenüber der normalen Eierschalenfarbe.

In der Eiergrafik sehen wir auf der linken Seiten den Genotyp, also die genetische Ausstattung mit den jeweils zwei Allelen. Reihe eins ist eine normale Wachtelhenne ohne Celadon-Allel. Reihe zwei ist eine spalterbige Henne mit einem Celadon-Allel. Reihe drei ist eine reinerbige Celadon-Henne mit zwei Celadon-Allelen. Auf der rechten Seite sehen wir den Phänotyp, also die Ausprägung, die dabei zum Tragen kommt. In Reihe eins legt die Henne normale Wachteleier. Da „ce“ rezessiv ist, legt auch die Henne in Reihe zwei normale Eier. Nur in Reihe drei, wenn zwei Celadon-Allele im Genotyp vorliegen, tritt auch im Phänotyp die Ausprägung „Ich lege blaue Eier“ in Erscheinung.

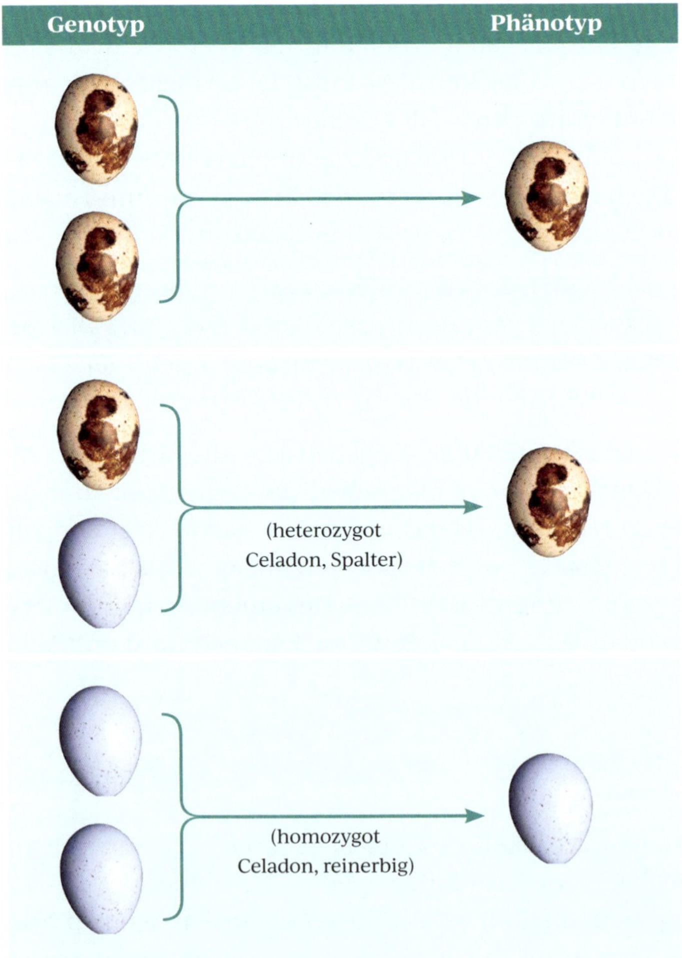

Verpaarungen: **Homozygote Celadon untereinander** ergeben immer 100 % homozygote (reinerbige) Celadon-Tiere, die auch wieder blaue Eier legen. Hennen, die blaue Eier legen, sind reinerbig. Problematisch kann nur sein, dass es beim Hahn nicht sichtbar ist, welche Eierfarbenschale er vererbt. Hat man einen vermeintlichen Celadon-Hahn gekauft, bemerkt man erst nach einer eigenen Brut, wenn die nachgezogenen Töchter Eier legen, ob der Hahn tatsächlich reinerbig die Celadon-Mutation trägt. Achtung: Auch aus einem blauen Ei kann ein spalterbiges Tier schlüpfen, wenn der Hahn spalterbig oder normal war.

Hier das sogenannte **Punnett-Quadrat** Celadon **heterozygot x homozygot**, mit dem sich veranschaulichen lässt, wie sich das genetische Verteilungsmuster bei den Nachkommen aufgliedert. Wir nehmen zuerst an, dass wir einen spalterbigen Hahn mit einer für Celadon reinerbigen Henne verpaaren (heterozygot x homozygot). Das Symbol für ein Celadon-Allel sei „ce", kleingeschrieben, da es rezessiv gegenüber der Normalfarbe ist, der wir das Symbol „N" geben.

N ce × ce ce	**ce**	**ce**
N	Nce	Nce
ce	cece	cece

N = normales Eifarben-Allel
ce = Celadon-Allel (rezessiv)
Nce = heterozygot, genetisch Träger (legt keine blauen Eier)
cc = homozygot Celadon (legt blaue Eier)

In der Tabelle oben links in der Ecke steht mit N ce x ce ce die Verpaarung der Elterntiere. Wir nehmen an, dass wir wissen, dass der Hahn ein Celadon-Allel trägt, also genetisch N ce ist. Da die Henne blaue Eier legt, muss sie homozygot ce ce sein. Die Möglichkeiten, die vom Vater und Mutter vererbt werden, sind in der ersten Zeile und Spalte aufgetragen. Auf weißem Hintergrund sehen wir die Aufteilung der Nachkommen. Alle vier weißen Kästchen ergeben 100 %. Wir sehen hier nun 25 % + 25 % Nce-Tiere, also 50 % der Nachzucht hat nur ein Celadon-Allel. Diese Tiere sind im Genotyp spalterbige Träger, legen aber normale Wachteleier, da Celadon gegenüber der normalen Eifarbe rezessiv ist. In der unteren Zeile sehen wir 25 % + 25 % reinerbige cece-Nachkommen. Diese sind homozygot (reinerbig). Die Hälfte dieser Wachteln sind Hennen und werden blaue Eier legen. Brüten wir bei dieser Verpaarung zwanzig Küken aus und erhalten zehn Hennen und zehn Hähne, so werden statistisch etwa fünf Hennen blaue Eier legen. Weiter haben wir fünf Hennen, die normale Eier legen. Von diesen Hennen wissen wir nun aber, dass sie spalterbig (heterozygot für ce) sind. Bei den zehn Hähnen erkennen wir nicht, ob diese reinerbig oder spalterbig sind. Reinerbige Celadon sind in der Aufzucht oft ein wenig schwieriger, wachsen etwas langsamer und bleiben leichter. Das wäre ein Anzeichen dafür, welche Hähne reinerbig sein könnten. Aufgetaucht ist diese Mutation in den 1980er Jahren bei Laborwachteln an einer Universität in Japan. Erst Ende der 2010er Jahre gelangten einzelne Bruteier solcher Tiere in die Hände von europäischen privaten und gewerblichen Züchtern. Wahrscheinlich privat „geschmuggelt" aus den USA in die Niederlande. Der Hype in der Wachtel-Community war riesig und zum Teil wurden in den ersten Jahren über 200 Euro

Eine Celadon-Henne sitzt auf einem Gelege mit bläulichen Celadon-Eiern. Wahrscheinlich würde sie gerne selbst brüten. Foto: Josefine Brömmelmeier

für nur 20 Bruteier bezahlt. Obwohl diese Eifarbenmutation auf alle Gefiederfarben übertragbar ist, sieht man häufig Tenebrosus-Schecken als Celadon. Das ist ein Indiz, dass bislang kaum jemand in Europa intensive Zuchtarbeit in gesunde Celadon, übertragen auf andere Gefiederfarben (Blutauffrischung), gesteckt hat. Viele Celadon-Linien könnten also von Inzuchtdepression betroffen sein. Vieles spricht allerdings auch dafür, dass die Aufzuchtprobleme in genetischem Zusammenhang mit der Reinerbigkeit auf Celadon steht. Der Züchter aus den USA, von dem sehr wahrscheinlich alle Tiere in privaten Händen in Europa abstammen, berichtet in einem Interview von seinen anfänglich enormen Problemen mit den Celadon-Wachteln. Er erzählt glaubhaft, viele Tausende Dollar in gesunde Celadon-Linien investiert und so hart selektiert zu haben, dass von jeweils 1.000 geschlüpften Küken immer nur die kräftigsten fünf für die nächste Generation genutzt wurden.

Heterozygot mit heterozygot: Jeder der beiden Partner gibt nur an 50 % der Nachkommen sein Celadon-Allel weiter. Da es Zufall ist, ob das Celdon- oder das normale Allel weitergegeben wird, werden bei den Nachkommen 25 % homozygot, 25 % ohne Celadon-Allel und 50 % spalterbige Wachteln sein.

Nce × Nce	N	ce
N	NN	Nce
ce	Nce	cece

N = normales Eifarben-Allel
ce = Celadon-Allel (rezessiv)
Nce = heterozygot, genetisch Träger (legt keine blauen Eier)
cece = homozygot Celadon (legt blaue Eier)
NN = kein ce Allel vorhanden (legen normale Eier)

Wie vererben sich dominante Allele im Geno- und Phänotyp?

Für die nachfolgenden Beispiele postulieren wir ein „weiß“, das vollständig dominant sei. Das dient uns hier als Stellvertreter bei unserem Gedanken-Verpaarungsexperiment für ein dominantes Allel:

Homozygote Tiere untereinander erzeugen zu 100 % homozygote Nachkommen, die alle auch im Geno- und Phänotyp weiß sind.

WW × WW	W	W
W	WW	WW
W	WW	WW

W = dominantes Weiß-Allel
WW = homozygot Weiß

Heterozygot mit Homozygot: Da auch heterozygote Tiere mit dem dominant-weißen Allel weiß erscheinen, fallen sie in der Gruppe phänotypisch nicht auf. Auch bei dieser Verpaarung werden alle Nachkommen weiß aussehen. Allerdings sind 50 % der Nachkommen spalterbig. Anmerkung: Oft sind auch dominante Allele nicht 100 % durchschlagend überschreibend und ein aufmerksamer Beobachter sieht vielleicht doch bei schräg stehendem Licht einen geisterartigen Zeichnungsschimmer, eine einzelne verräterische braune Feder in der Brust oder eine anders gefärbte Zehenspitze und bekommt so einen Hinweis auf die genetisch vorliegende Heterozygotie.

Wa × WW	W	W
W	WW	WW
a	Wa	Wa

W = dominantes Weiß-Allel
a = andere Farbe (nicht weißes) Allel
WW = homozygot Weiß
Wa = heterozygot Weiß (trägt nur einmal Weiß; sieht aber ebenfalls weiß aus)

Heterozygot mit Heterozygot: Da sich die heterozygoten Tiere in der Gruppe anhand des Aussehens nicht bemerkbar machen, wird es irgendwann passieren, dass ein heterozygoter Hahn als Zuchthahn ausgewählt wird. Wenn dieser 1:1 mit einer heterozygoten Henne verpaart wird, dann fallen vom Genotyp 25 % reinerbige, 50 % spalterbige und 25 %, die das dominant-weiße Allel überhaupt nicht tragen. Nur die 25 % ganz ohne das dominant-weiße Allel werden nicht weiß sein. Ist der heterozygote Hahn im Zuchtstamm mit mehreren Hennen, und nur eine Henne ist ebenfalls heterozygot, so ergeben sich im Phänotyp folgende Ausprägungen: Bei insgesamt zwei Hennen sind 12,5 %

der Küken nicht weiß. Bei insgesamt drei Hennen 8,3 %. Bei drei homozygoten und einer heterozygoten Henne werden 6,25 % der Küken nicht weiß sein.

Wa x Wa	**W**	**a**
W	WW	Wa
a	Wa	aa

W = dominantes Weiß-Allel
a = anderes (nicht weißes) Allel
WW = homozygot Weiß
Wa = heterozygot Weiß (trägt nur einmal Weiß, sieht aber ebenfalls weiß aus)

Wie vererben sich unvollständig dominante Allele im Geno- und Phänotyp?

Die gelb-wildfarbenen Wachteln werden durch eine unvollständig dominante Mutation erzeugt, wenn diese heterozygot vorliegt. Homozygot werden die Tiere noch deutlich gelber und zeigen fast keine dunklen Zeichnungsmuster mehr. Im Englischen lautet der Name für diese Mutation *Fawn* (Rehkitz), die homozygoten Wachteln werden als *Manchurian* und die heterozygoten als *Italian* bezeichnet. Die deutschen Gelb-Wildfarbenen sind also im Englischen die *Italian*.

Homozygote Tiere untereinander ergeben wieder reinerbige Nachkommen, die alle als *Manchurian* erscheinen.

Homozygot mit Heterozygot: Es ergeben sich 50 % homozygote und 50 % heterozygote Nachkommen. Im Phänotyp/Aussehen sind 50 % *Manchurian* und 50 % *Italian*.

FaFa × Fan	**Fa**	**n**
Fa	FaFa	Fan
Fa	FaFa	Fan

n = normale Farbe
Fa = Fawn, unvollständig dominant gegen n
Fan = heterozygot fawn, gelb-wildfarben, engl.: Italian
FaFa = homozygot fawn, gold, engl.: Manchurian

Homozygot mit Wildfarbenen (die Wildfarbenen tragen keine Kopie von *Fawn*, sonst wären sie selbst heterozygot und man würde es ihnen ansehen; sie wären gelb-wildfarben): 100 % der Küken sind heterozygot *Fawn*. Im Phänotyp sind demnach alle Küken *Italian*, also gelb-wildfarben.

Heterozygot mit Heterozygot: Es ergeben sich 25 % *Manchurian*, 50 % *Italian* und 25 % wildfarbene Wachtelküken.

Fan × Fan	Fa	n
Fa	FaFa	Fan
n	Fan	nn

n = normale Farbe
Fa = Fawn, unvollständig dominant gegen n
Fan = heterozygot fawn, gelb-wildfarben, engl.: Italian
FaFa = homozygot fawn, gold, engl.: Manchurian

Heterozygot mit Wildfarben: Die Hälfte der Küken ist heterozygot und damit gelb-wildfarben. Die andere Hälfte bekommt keine Kopie des Merkmals *Fawn* und ist folglich wildfarben.

Fan × nn	n	n
Fa	Fan	Fan
n	nn	nn

n = normale Farbe
Fa = Fawn, unvollständig dominant gegen n
Fan = heterozygot fawn, gelb-wildfarben, engl.: Italian
FaFa = homozygot fawn, gold, engl.: Manchurian

Dieses Wissen und Verständnis kann für Züchter enorm hilfreich sein:

Züchter Eberhard (fiktiv) möchte von der für ihn komplex wirkenden Vererbungslehre nichts wissen. Auf der nächsten Hauptsonderschau möchte er seine gelb-wildfarbenen Wachteln präsentieren und um den Meistertitel mitspielen. Er verpaart dazu seine Gelb-Wildfarbenen untereinander. Er weiß nicht, dass er genetisch die Kreuzung heterozygot x heterozygot eines unvollständig dominanten Erbgangs durchführt. Er ärgert sich über das Aufspalten der gelb-wildfarbenen Farbe. „Jedes Jahr derselbe Mist! Das muss sich doch irgendwann endlich festigen", denkt er. Wie oben aufgezeigt, erhält er lediglich 50 % gelb-wildfarbene Küken. Die 25 % *Manchurian* und 25 % normal Wildfarbenen verkauft er. Er zieht 100 Küken groß, damit er 50 gelb-wildfarbene hat. Davon sind 25 Hähne und 25 Hennen, so hat er für sich ausreichend Tier, um die seiner Meinung nach besten 4 Hähne und 10 Hennen später auf der Ausstellung präsentieren zu können.

Züchter Finn züchtet schon länger die Wildfarbenen und hat sich letztes Jahr Gelb-Wildfarbene dazu geholt. Auch er hat im letzten Jahr beobachtet, dass sich seine Gelb-Wildfarbenen in etwa mit der Quote 50 zu 25 zu 25 vom Aussehen her aufspalten. Er hat sich daraufhin mit der Genetik beschäftig. Die schönsten von den 25 % wildfarbenen Hennen hat er als genetische Blutauffrischung mit zu seinen Wildfarbenen gegeben. Und einen von der Form, dem Wesen und der Vitalität her genialen *Manchurian*-Hahn hat er behalten. Er weiß nun, dass sein *Manchurian*-Hahn homozygot *Fawn* ist und so macht er einen Zuchtstamm mit ihm und wildfarbenen Hennen. Er brütet 50 Küken und erhält wie geplant 50 Küken, die heterozygot *Fawn* sind. Damit sind alle Nachkommen gelb-wildfarben.

Eberhard hat 100 Küken für 50 gelb-wildfarbene ausgebrütet und großgezogen, Finn nur 50. Bei der Ausstellung stehen sie zusammen vor ihren Tieren und fachsimpeln über ihre Tiere. Eberhard ist etwas angefressen wegen seiner doch wieder nur durchschnittlichen Bewertungsnoten, Finn überrascht von mehreren „Sehr gut" und sogar einem „Hervorragend". Eberhard gesteht Finn, dass er seinen hohen Aufwand von 100 Küken für die wenigen Ausstellungstiere, die nicht mal in den Bereich „Hervorragend" oder „Vorzüglich" gelangen, nicht mehr für gerechtfertigt hält, und denkt über eine Aufgabe der Zucht der Gelb-Wildfarbenen nach. Er fragt Finn, wie er denn zusätzlich zu den Wildfarbenen noch Platz hatte, um 100 oder 200 Küken von den Gelb-Wildfarbenen nachzuziehen. Im Sonderverein der Wachtelzüchter ist es völlig normal, dass man sich gegenseitig mit Bruteiern, Tieren und Informationen unterstützt. So berichtet Finn von der unvollständigen Dominanz des Gelb-Wildfarben-Gens *Fawn* und erläutert, dass er nur einen einzigen Homozygot-*Fawn*-Hahn brauchte, den er auf seine wildfarbenen Hennen setzte, um 100 % gelb-wildfarbene Nachkommen zu erhalten. Eberhard ist begeistert und schämt sich ein wenig, dass er sich nicht schon eher ein ganz kleines Bisschen mit der Vererbungslehre beschäftigt hat. Zum Dank lädt er Finn sofort auf einen Wachtelschnaps, ein Bier und eine Bratwurst ein.

Wie könnten rezessive Lethalfaktoren eliminiert werden?

Wie in der Tabelle ersichtlich, gibt es bei Wachteln mehrere rezessive Lethalfaktoren, die heterozygot nicht sichtbar sind, aber homozygot zum Tod der Küken im Ei oder kurz nach dem Schlupf führen. Da natürlicherweise im Durchschnitt nicht aus allen befruchteten Eiern ein Küken schlüpft und auch Brutfehler, Inzucht, „Carry-over-Effekte" (z. B. Vitaminmangel wird von der Henne ins Ei übertragen) und Krankheiten Ausfälle verursachen können, ist es wichtig, den normal gesunden Durchschnittwert in der Schlupf- und Aufzuchtquote zu kennen.

Aus Zuchtbuchdaten, die vom BDRG veröffentlicht wurden, konnte ich berechnen, dass die Schlupfquote bei Japanischen Legewachteln bezogen auf die befruchteten Eier 89 % beträgt. Hier liegen über 800 in die Kunstbrut eingelegte Bruteier zugrunde, von denen 85 % befruchtet waren. Je nach Zuchtstamm, Brutmaschine, Management und Handhabung können diese Quoten variieren. Es wäre zuerst gut, ehrlich seine eigene Quote zu beobachten und zu dokumentieren. Eins-zu-eins-Verpaarungen sind notwendig, um zu erkennen, ob bei einem Paar deutlich mehr Ausfälle auftreten. Schlüpfen anstatt von 89 % nur 66 %, ist das ein starkes Anzeichen, dass beide Eltern jeweils eine Kopie (heterozygot) von einem Lethalfaktor tragen. Von der überlebenden Nachzucht haben dann 67 % auch heterozygot einen Lethalfaktor vorliegen. Der erste richtige Gedanke ist, diese Küken nicht für die Zucht zu verwenden. Der zweite Gedanke ist, die Elterntiere ebenfalls aus dem Rennen zu nehmen. Das Wissen um den Genotyp der Eltern, also dass sie heterozygot für den Lethalfaktor sind, ist aber enorm wertvoll: Man könnte nun Testverpaarungen und Bruten jeweils mit anderen Hennen und Hähnen durchführen und überprüfen, ob auch diese eine rezessive Kopie tragen oder nicht. Wenn die Nachkommen mit der neuen Verpaarung vollkommen unauffällig sind, dann kann man sich sicher sein, dass der neue Partner frei von dem Lethalfaktor ist. Findet man so wenigstens eine Henne und einen Hahn, die frei sind, sollte nur mit diesen weitergezüchtet werden: So erhält man eine oder mehrere Linien, die frei von dem Lethalfaktor sind. Leider ist dies recht aufwendig und auch die Küken aus der Testverpaarung können zu 50 % heterozygot den Lethalfaktor tragen und sind somit nicht für die Weiterzucht geeignet. Auch müssten neu zugekaufte Tiere oder Tiere aus fremden Bruteiern wieder getestet werden, da sonst Gefahr besteht, sich unsichtbar rezessiv wieder einen Lethalfaktor einzuschleppen.

Eine Kooperation mit mehreren Züchtern, die mit diesem Ausschlussverfahren lethalfaktorfreie Linien haben, ist eine sehr schöne Vision. Die heterozygoten Küken, die entstehen, müssen nicht direkt nach dem Ergebnisbefund getötet werden, sie dürfen natürlich ein normales Leben in einer Legetruppe ohne Zucht führen. Das nächste Problem ist aber, dass es nicht nur einen Lethalfaktor gibt und es passieren kann, dass sich noch ein zweiter rezessiver Lethalfaktor im Bestand befindet. Dieser könnte sich erst später zeigen. Bei zwei unabhängigen Lethalfaktoren würde sich die Schlupfquote auf unter 60 %, bei dreien auf unter 50 % verringern (bei ansonsten besten Voraussetzungen).

Die folgende Tabelle mit Mutationen ist eine Zusammenfassung aus verschiedenen Quellen. Vor allem vom Wissenschaftler Masaoki Tsudzuki[8] der Hiroshima Universität, der zahlreiche Publikationen über die Genetik von Wachteln von anderen Wissenschaftlern in einer Übersichtsveröffentlichung zusammengetragen hat, sowie der Webseite https://www.pipsnchicks.com/quail-genetics. Die deutschen Namen, Erläuterungen und Ergänzungen habe ich zusammengetragen und formuliert.

---

8 Tsudzuki, Masaoki: Mutations of Japanese Quail (Coturnix japonica) and Recent Advances of Molecular Genetics for this Species. In: *The Journal of Poultry Science* 45 (2008), S. 159–179.

Mutant Name	Deutsche Bezeichnung	Vererbung	Symbol, Lokus	Erläuterung
Pharaoh	Wildfarben	Normale Ausprägung	/	Das ist die Ausprägung, wenn kein anderes veränderndes dominantes Allel oder zwei rezessive Allele vorliegen.
Fawn	Gelbwildfarben	Autosomal unvollständig dominant	Y	Heterozygot *Italian* = gelb-wildfarben, homozygot *Manchurian*
Lethal Yellow	Gelb, tödlich	Autosomal unvollständig dominant	Y	Sehen heterozygot aus wie gelb-wildfarben, haben auch Gesundheitsprobleme, kümmern im Wachstum und sind stressempfindlich. Homozygot kümmern und sterben sie in der ersten Lebenswoche. Angeblich nur im Labor beschrieben und nicht öffentlich verbreitet.
Recessive Black	Rezessives Schwarz	Autosomal rezessiv	Y	Im Kükengefieder sehen sie aus, als hätten sie Scheckenzeichnung auf Brust und Kopf. Später bleiben davon meist nur einzelne weiße Federn übrig.
Calico	Calico	Autosomal unvollständig dominant	Y	Muster-Modifizierer. Dickere Streifen, weiße Flocken auf dem Rücken, weniger Musterung auf dem Körper, der Brust.

Mutant Name	Deutsche Bezeichnung	Vererbung	Symbol, Lokus	Erläuterung
Extended Brown	Ausgedehntes Braun	Autosomal unvollständig dominant	E	Deutsch Tenebrosus. Englisch heterozygot *Rosetta* und homozygot *Tibetan*. Homozygot *Sparkly* sieht ähnlich aus.
Sparkly	Sparkly	Autosomal unvollständig dominant	E	*Sparkly* ist keine eigene Farbe, es verändert das Muster der darunterliegenden Farben. Es verändert vor allem die Ausbreitung der schwarzen Musterung.
Pansy, Redhead	Rotkopf	Autosomal rezessiv	E (oder D)	Muster-Modifizierer, unklar ob zwei Mutationen oder Allele auf demselben Ort.
Roux	rötlich	Gonosomal rezessiv	Z	Das Muster wird nicht verändert, aber das braune und schwarze Gefieder wird rötlicher. Aus wildfarbenen Wachteln ergeben sich so die braun-wildfarbenen.
Sex-Linked Brown	Braun geschlechtsgebunden	Gonosomal rezessiv	Z	Hellt Wildfarben ein klein wenig auf. Leicht zu übersehen.
Dotted White, engl. White	Weiße Scheckung	Autosomal unvollständig dominant	S	Heterozygot Tuxedo = Schecken, homozygot English White (weiß mit Farbfleck am Hinterkopf).

Mutant Name	Deutsche Bezeichnung	Vererbung	Symbol, Lokus	Erläuterung
Panda	Pandazeichnung	Autosomal rezessiv	S	Ähnlich wie *dotted white*, aber rezessiv. Macht homozygot die Wachtel weiß bis auf zwei große Farbflecken mit der darunterliegenden Farbe am Hinterkopf und dem Rücken.
Fee	Fee	Autosomal unvollständig dominant	F	Fee verdünnt die braunen Gefiederanteile zu grau. Das Muster wird nicht verändert, aber die Grundfarbe sieht anders aus. Mit wild-farben = Falb Fee; mit *Fawn* = Perl Fee; mit *extended brown* = Grau Fee. Heterozygot kommt noch mehr von der Grundfarbe zum Vorschein als homozygot.
Light down lethal	Verdünnt tödlich 2	Autosomal unvollständig dominant	ldl	Heterozygot verändert es das Gefieder nur wenig. Sieht Calico ähnlich. Homozygot macht es cremefarben. Ein Drittel der Küken stirbt vor dem Schlupf, die Schlüpfenden haben starke neurologische Probleme (z. B. Kopf verdrehen) und sterben in der ersten Woche.

Mutant Name	Deutsche Bezeichnung	Vererbung	Symbol, Lokus	Erläuterung
White Bib	Weißes Lätzchen	Autosomal rezessiv	unbekannt	Ein weißes Lätzchen unter dem Schnabel.
Black at Hatch	Schwarz beim Schlupf, tödlich	Autosomal unvollständig dominant	Bh	Heterozygot sind die Küken beim Schlupf im Kükengefieder auf dem Rükken schwarz. Homozygot ist es lethal, die Küken sterben im Ei zwischen dem 4. und 9. Bruttag.
Dilute down lethal	Verdünnt tödlich	Autosomal rezessiv	ddl	Hellt wildfarben etwas auf. 25 % haben krumme Zehen. Homozygot sterben die Küken innerhalb von 3 Tagen nach dem Schlupf.
Celadon	Celadon	Autosomal rezessiv		Ändert die Eierschale zu blau. Auf jeder Gefiederfarbe möglich. Oft sind die homozygoten Tiere etwas kleiner, stressempfindlicher und sensibler in der Aufzucht.
Hereditary Multiple Malformation HMM	Multiple erbliche Fehlbildungen, tödlich	Autosomal rezessiv		Heterozygot unauffällig. Homozygot sterben die Küken im Ei, zeigen zusätzliche Zehen, kürzere Schnäbel und nicht entwickelte Federn und Flügel.
Stumpy Limb Micromellia	Stumpfes Gliedmaß, tödlich	Autosomal rezessiv		Heterozygot unauffällig. Homozygot sterben die Küken

Mutant Name	Deutsche Bezeichnung	Vererbung	Symbol, Lokus	Erläuterung
				im Ei, zeigen kurze krumme Schnäbel, kurze Flügel und Füße. Knochen im Hals und den Beinen sind sehr dick, hervortretende Augen.
Short Beak	Kurzer Schnabel, tödlich	Autosomal rezessiv		Sieht ähnlich wie Stumpy Limb aus, Küken können aber schlüpfen und sterben dann erst. Im Labor bestätigt als genetisch unterschiedlich zu Stumpy Limb.

Das Wissen aus dieser Tabelle ist für Wachtelanfänger ohne Nachzuchtambitionen nicht relevant. Wer aber von seinen Tieren Küken ausbrüten möchte, findet hier einen Schatz an Informationen: wie und warum welche Verpaarung welche Küken hervorbringen kann.

Im nächsten Kapitel schauen wir uns verschiedene Volieren an und bauen zusammen einen Wachtelstallturm mit drei Ebenen, der selbst auf einem Balkon Platz finden kann. Wer möchte, kann zwischenzeitlich eine der Ebenen für eine gezielte Verpaarung und das Sammeln von Bruteiern verwenden.

8

Wachtelställe und Volieren – Bauanleitung für den Balkon

Im Online- und Landhandel werden Kleintierställe angeboten, von denen manche auf den Produkt-Werbefotos so aussehen, als würden diese auch für Wachteln gut funktionieren können. Sie kosten zwischen 120 und 400 Euro, besitzen meist eine Art Schutzhäuschen, einen Freibereich und Rampen, die platzsparend auf verschiedene Ebenen führen. Schaut man sich ein Ausstellungsstück an oder liest Rezensionen, fällt auf, dass das verwendete Holz sehr oft dünn und von minderer Qualität ist. Viele dieser Ställe werden ohne selbst angebrachte

Unter Umständen könnten mit entsprechenden Upgrades solche Kleintierställe auch für Wachteln funktionieren. Wie gut und für wie lange weiß der Kuckuck.

Verstärkungen kaum länger als zwei Jahre im Außenbereich nutzbar sein. Für Wachteln sind meist die dunklen Schutzhüttenbereiche viel zu groß, die Rampen sehr steil und die Ställe weniger als 50 cm tief, was kaum Spielraum für Verstecke, Futterspender, Tränke und weitere Strukturelemente bietet. Bei einigen Varianten könnten problemlos Ratten eindringen und die Wachteln fressen, da die Maschenweite der Türgitter zu grob ist. Eine Bodenplatte ist fast nie vorhanden, sodass Räuber einfach unten durchschlüpfen oder -graben können, wenn der Stall im Außenbereich auf den Erdboden gestellt wird.

Einige der genannten Probleme könnten mit etwas handwerklichem Geschick durch ein Upgrade beseitigt werden. Wer aber nicht davor zurückschreckt, mit einem Zollstock, Akkuschrauber, Tacker und einer Stichsäge umzugehen, der wird sich selbst und auch seine Tiere damit glücklich machen, einen eigenen Stall oder sogar eine begehbare Voliere zu bauen.

Ist ausreichend Platz vorhanden, drängen sich Volieren für die artgerechte Haltung von Wachteln auf. Sie lassen sich an eine oder zwei schon vorhandenen Wände anbauen oder auch freistehend errichten. Es ist ideal, wenn sie über 1,80 m hoch sind. So kann der Mensch gut einrichten, die Eier gut einsammeln, ausmisten und Tiere fangen und kontrollieren. Auch besteht so keine Gefahr für mögliche Kopfverletzungen bei eventuellem schreckhaftem Auffliegen. Der Draht sollte so eng und stabil sein, dass keine Schadnager oder sogar Räuber eindringen könnten. Der Boden soll wettergeschützt und zugluftfrei sein. Im Bereich der Windenergie spielt der Begriff „Rauigkeitslänge" eine große Rolle. Sie beschreibt in Abhängigkeit der Vegetation und des Geländes, in welcher Höhe über dem Boden die mittlere Windgeschwindigkeit auf null km/h abgebremst wird. In Dörfern und Kleinstädten beträgt dieser Wert 0,4. Das bedeutet, dass unser Zugluftempfinden auf Kopfhöhe erheblich stärker ist als das, was die Wachteln in Bodennähe tatsächlich spüren. Ein wettergeschützter Platz für die Voliere ist aber dennoch vorzuziehen. Gewachsener Erdboden ist für Wachteln der natürlichste Untergrund, den wir ihnen bieten können. Zusätzlich kann man Bereiche mit Sand, Pinienrinde, Buchenhack, sogenannter Waldbodeneinstreu oder Ähnlichem anlegen. Der Volierenboden muss aber gegen das Eindringen von Raubtieren, inklusive Ratten, geschützt sein. Dafür gibt es diverse Möglichkeiten: eine Barriere mit Draht oder Rasenkantensteinen, das flächige Auslegen des Bodens mit Pflaster- oder Trittsteinen, das Unterlegen von Drahtgeflecht unter der Einstreu. Zusätzlich sollte sporadisch mit einer Fotowildkamera überprüft werden, ob und welche Tiere nachts Interesse an unseren Wachteln zeigen. Gegebenenfalls muss eine Schadnagerbekämpfung durchgeführt werden.

Der Blick in die Balkonvoliere.

Diese kleine Voliere mit 2 qm Grundfläche habe ich in eine Nische auf meinem Balkon gebaut. Hier können fünf bis zehn Wachteln wohnen. Da die Voliere länglich ist, muss ich beim Eiereinsammeln ganz hinten stark aufpassen, nicht aus Versehen auf eine Wachtel zu treten, da ich beim Hin- und Zurückgehen jeweils mit einem großen Schritt über die Wachteln balancieren muss. Das absolute Highlight an dieser Voliere ist, dass ich aus meinem Zimmer vom Sofa aus durch die große Fensterfront den Blick auf die Wachteln genießen kann.

Eine weitere Voliere habe ich an ein kleines Nebengebäude gebaut; sie hat knapp 2,5 qm Fläche. Auch hier können bis zu zehn Wachteln wohnen. Mit einer zusätzlichen, etwas höher gelegenen Ebene würden sich die Wachteln wahrscheinlich noch etwas wohler fühlen.

Der Blick auf die Voliere im Kiesinnenhof.

Videotipp: Playlist_Ställe_Volieren_selbstgebaut

https://www.youtube.com/playlist?list=PLJtNTEMhgzBjOZB5JvzTzOh7SZEqWMeNp

Diese Voliere hat 3,5 qm Fläche und war sehr einfach zu bauen. Unter dem Balkon habe ich Pflastersteine verlegt und nur einen Eckpfosten unter dem Balkon verschraubt. Daran konnte ich die zwei Drahtwände ansetzen und die Tür bauen. Fertig war der Rohbau. Innen gibt es verschiedene Bodenbereiche, eine Rampe zu einer höhergelegenen Ebene und einige Verstecke. Hinten in der Ecke hat im Spätsommer sogar eine Tenebrosus-Wachtel versucht zu brüten.

Der Blick auf die Voliere unter dem Balkon.

Der Blick auf die Voliere im Vorgarten.

Das ist meine bislang größte Voliere mit 6 qm Fläche. Das Dach und der Draht waren die Kostentreiber auf geschätzt insgesamt 500 Euro. Meine Frau hat dem Bau sofort zugestimmt, als ich ihr den integrierten Kräuter-Pflanzsteinring um die Voliere als Idee präsentiert habe. Die Pflanzsteine sehen nicht nur gut aus, sondern bieten auch einen Untergrabschutz. Hier möchte ich circa zwanzig Wachtelhennen halten. Aktuell sind es deutlich mehr, da die Jungtiere sieben und neun

Wochen alt sind und sich die Hähne erst nach und nach zu erkennen geben. Wildfarben-Farbvarianten, bei denen sich an den Brustflocken schon ab der dritten Lebenswoche erkennen lässt, wer Hahn und wer Henne ist, sind im Management erheblich einfacher.

Wachtelstall-Bauanleitung Schritt für Schritt

Wenn ihr auf dem Balkon oder der Terrasse 1,5 qm freien Platz für einen Wachtelstall findet, dann könnt ihr euch mit dieser Anleitung ein Heim für zehn bis zwölf Wachteln schaffen. Der Trick dabei ist, drei Ebenen übereinander mit Durchschlupflöcher zu bauen,, über die die Wachteln hoch oder runter hüpfen können. Es funktioniert: Mit einem kurzen Blick nach rechts am Monitor vorbei kann ich es von meinem Arbeitsplatz aus beobachten. Die Materialkosten liegen zwischen 300 und 400 Euro und können reduziert werden, wenn schon Material vorhanden ist, umfunktioniert oder wiederverwertet werden kann. Den Zeitaufwand schätze ich auf zehn Stunden. Beispielhaft gehen wir die Überlegungen und den Bau von meinem Wachtelstall-Turm zusammen durch. Selbstverständlich passt ihr euren Stall auf eure Gegebenheiten und Wünsche hin an. Wer im Winter bei −15 °C und kälter Sorgen um die Wachteln in diesem Stall hat, kann beide Gittertüren der mittleren Ebene mit Plexiglas dicht machen und auf der oberen und unteren Ebene jeweils nur eine Gittertür mit Plexiglas zumachen. So gibt es noch ausreichend Frischluft durch die Schlupflöcher zwischen den Ebenen. Feuchte Kälte, die nachts gefriert, ist gefährlicher für die Tiere als eine trockene Kälte. Daher bitte den Stall nicht komplett einpacken.

Überlegung: Wie viel Platz ist vorhanden, damit sich der Stall gut ins Gesamtbild einfügt?

Der Stall sollte keine Durchgangs- oder Fluchtwege blockieren. Ich habe das rechte Ende meines Balkons für den Stall ausgewählt. Dort gibt es eine Nische mit 125 cm Breite, die Höhe könnte 250 cm betragen, was aber viel zu hoch wäre. Als Tiefe sind 75 cm kein Problem; noch mehr, und der Durchgang aus der Balkontür würde beeinträchtigt werden.

Wo ist der Standort?

Licht ist gut, pralle Mittagssonne und Hitze im Sommer sind ungünstig. Die offene Vorderseite sollte möglichst nicht der Wetterseite zugewandt sein. Ich nehme das Nordende meines Balkons, hauptsächlich aus dem Grund, dass ich das Südende benötige, um die Solarthermie- und Photovoltaikanlage kontrollieren zu können. Der Walnussbaum verschattet den Balkon im Sommer. Das Wetter und der Regen kommen bei uns in der Siedlung relativ häufig von Süden, daher wäre die Öffnung nach Süden nicht optimal. Die Vorderseite wird also nach

So sieht mein erster Balkonwachtelstallturm direkt nach der Fertigstellung aus. Das untere Fach ist derzeit noch ein Lagerraum. Verteilt auf die Mitte und oben wohnen sieben Wachteln.

Osten Richtung Haus zeigen. Von dort kann nie schräger Starkregen ins Stallinnere gelangen und ich kann vom Zimmer aus direkt in den Stall schauen.

Aufteilungsüberlegungen:

Wie viele Ebenen soll es geben? Nur eine Ebene bietet lediglich 1 qm für die Wachteln an nutzbarer Fläche. Das wäre als Quarantäne oder Verpaarungs- und Gluckenstall ausreichend, für eine dauerhafte Behausung einer kleinen Gruppe aber recht wenig. Drei Ebenen wären denkbar, für die unterste Ebene müsste ich mich aber jeweils auf den Boden knien und Abstellfläche unter dem Stall würde verloren gehen. Dafür spricht, dass die Wachteln so ein Drittel mehr Fläche zur Verfügung hätten. Der Durchgang von der unteren auf die mittlere Ebene könnte verschließbar konstruiert werden, wodurch dieser optional auch als trockener und nagersicherer Stauraum für Futter und Einstreu nutzbar wäre. Eine gute Idee? Aber die untere Ebene möchte ich dennoch 15 cm über dem Boden haben, damit bei Starkregen unter dem Stall das Wasser abfließen kann, ohne die unterste Ebene zu durchnässen. Außerdem möchte ich mit einem Besen noch darunter kommen und wenigstens Untersetzer und Kehrblech mit Handfeger darunter verschwinden lassen können.

Vorüberlegungen zum Material, Ausmaße und Einkauf

Ich benötige 4 Pfosten. Pfosten mit 7 × 7 cm scheinen überdimensioniert. Dachlatten mit 3 × 5 cm könnten halten, würden aber etwas stelzig aussehen. Ich wähle eine Zwischenlösung: 7 × 4,5 cm.

Für drei Ebenen benötige ich drei Bodenplatten. Hier funktioniert OSB gut. In einem Hühnerstall habe ich OSB schon seit einigen Jahren im Einsatz. Bei den meisten Baumärkten kann man sich Platten in verschiedenen Stärken für wenig Geld zuschneiden lassen. Das ist eine große Erleichterung, da längere gerade Schnitte freihändig mit einer Stichsäge eine große Herausforderung sind. Gelingen kann dies, wenn man sich vor dem Schnitt mit Schraubzwingen eine Dachlatte als Führungsschiene auf die OSB-Platte schraubt.

Nebenrechnung: Meine beiden Fahrzeugbauplatten, die ich als Dach verwenden möchte, sind 125 × 83 cm groß. Beide nebeneinander ergeben 166 cm, das ist also meine Dachbreite. Da ich rechts und links jeweils 12 cm Überstand haben möchte, bleibt mir eine Breite von 142 cm. Davon geht noch die Pfostenbreite mit 4,5 cm und die Dicke der Seitenwände mit 1,5 cm ab – und das jeweils zweimal, da rechts und links – also 12 cm weniger. Das ergibt eine Breite des Innenbodens von 130 cm.

Also sollen meine **Bodenplatten** diese Maße haben: 75 cm tief und 130 cm breit. Als Plattenstärke wähle ich 18 mm. Bei einer Stalltiefe von 75 cm kann ich mit dem ausgestreckten Arm ganz hinten eine Wachtel oder ein Ei durch die großen Stalltüren noch problemlos erreichen. Wäre der Stall noch tiefer, müsste ich mit dem Kopf und der Schulter dafür ein Stückchen in den Stall vordringen. Das könnte Probleme verursachen.

Auf welcher Höhe sind die Ebenen?

Unter dem Stall möchte ich 15 cm Luft lassen. Dann die unterste Bodenplatte 1,8 cm dick, dann Einstreu etwa 6 cm mächtig, dann Luftraum etwas unter 50 cm. Ich lasse über jeder Bodenplatte 53,2 cm frei für Einstreu und Luftfreiheit. Somit umfasst jede Ebene inklusive Bodenplattenstärke 55 cm.

15 cm und 55 cm: Auf 70 cm Höhe beginnt also die mittlere Ebene, auf 125 cm Höhe die obere Ebene. Auf 180 cm endet die obere Ebene.

Hier habe ich es in der Ausführung verbockt, da ich die Seitenelemente vorn mit 185 cm berechnet habe. Davon können aber die 15 cm Bodenfreiheit abgezogen werden. Dann wäre das Seiten-OSB-Element vorn nur noch 170 cm hoch. Die Rückwand wäre ebenfalls bloß 160 cm hoch. Ich habe aber anders eingekauft: Meine Kiste ist nun vorne insgesamt 2 m hoch. Letztendlich ist es so wahrscheinlich etwas besser, da bei der kleiner geplanten Version eine 1,90 m große Person beim Betrachten der Wachteln mit dem Kopf gegen das Dach stoßen könnte und meine Ebenen so jeweils 5 cm mehr Höhe haben, dadurch aber knapp über 50 cm lichte Höhe bieten. Ich habe bei dieser kleinen Abweichung keine Bedenken, dass sich meine Wachteln dadurch Genickbrüche zuziehen könnten. Für die Zwischenebenen zum Hoch- und Herunterhüpfen gibt es dadurch auch etwas mehr Platz. Baut gerne, wie es euch gefällt, passt eure Maße sinnvoll an. Ich gebe euch hier das Prozederewissen; meinen Zentimeter- oder gar Millimeterangaben solltet ihr aber besser mit einem gesunden Misstrauen begegnen.

Für die **Seitenelemente** reicht eine etwas dünnere Platte mit 15 mm Stärke aus. Wahrscheinlich würden für die Seiten und die Rückwand sogar 12 mm oder 9 mm Stärke funktionieren und der Stall wäre dadurch etwas leichter. Die Seitenwand ist 75 cm tief und vorn 185 cm, hinten 175 cm hoch. Hier habe ich mich bei der Vorplanung vertan, da das Seitenelement erst 15 cm über dem Boden beginnt und somit der gesamte Stall 2 m hoch ist. Meine weiteren Angaben hier sind für die größere Version des Stalles.

Die **Rückwand** soll 15 mm dick, 175 hoch und 142 cm breit sein (130 cm Innenboden + 2 × 4,5 cm Außenpfosten + 2 × 1,5 cm Seitenwände).

Vier Bretter vorne jeweils unten, damit die Einstreu nicht herausfällt. 8 bis 10 cm Höhe reicht aus und 142 cm Länge. Das vierte dieser Bretter kommt oben unter das Dach. Für die Türen benötigen wir insgesamt **3 m Bretter**, die dieselbe Dicke haben (bei mir waren das 1,8 cm), aber nur 6 cm breit sind. Das sind später die Bretter, die wir mit den Scharnieren an die Seitenwand schrauben.

Zudem benötigen wir Konstruktionslatten für die Türen und als Haltelatten für die Bodenplatten. Geschätzt werden wir 20 m Konstruktionslatten verbauen, also **10 Latten, die jeweils 2 m lang** sind. Für die Türen habe ich die Latten in der Stärke 2,4 × 4,8 cm verwendet. Als Mittelpfosten habe ich **eine etwas dickere Konstruktionslatte mit 3 × 5 cm** genommen, da so die Schließhölzchen später nicht andauernd aus Versehen die Tür blockieren, die eigentlich geöffnet werden soll.

12 Scharniere für die Türen und sechs Schließmechanismen oder Holzstückchen müssen beschafft werden.

Schrauben, Schrauben, Schrauben: Ich habe ganz viele mit 3,5 × 40 mm (für fast alles), einige mit 3 × 12 mm (nur für die Plexiglasscheiben) und wenige mit 4,5 × 80 mm (12 Stück für jeweils die letzte Latte beim Türbau) verbraucht.

Das Dach. Ich habe noch zwei Fahrzeugbauplatten übrig, die ich wiederverwenden möchte. Als Dach würde auch gut eine OSB-Platte funktionieren, auf die Teerpappe genagelt wird, oder Dachelemente, die es fertig zu kaufen gibt. Die Dachelemente sind meist gewellt, sodass diese entweder auch auf eine OSB-Platte gelegt werden, damit es gegen Raubtiere sicher ist, oder unter dem Dach eine weitere Bahn Draht notwendig ist. Bei der geringen Grundfläche sind keine Dachrinne und kein Fallrohr notwendig; das Regenwasser darf einfach abtropfen. Falls möglich, sollte das Dach zu allen Richtungen mindestens 10 cm überstehen, nach vorne hin deutlich mehr, damit schräg fallender Regen nicht immer sofort in den Stall hineinregnet. Prallt hinten und an den Seiten sporadisch etwas Regen an die Wände, ist das nicht weiter schlimm, da es schnell wieder abtrocknet. Der Stall darf gerne mit Außenfarbe gestrichen werden, um ihn noch etwas wetterresistenter und hübscher zu gestalten.

Draht: Wir benötigen Volierendraht, um die Türen damit zu bespannen. Sechsmal 50 × 60 cm. Die Drahtrollen gibt es in 50 und 100 cm Breite auf 5 m Länge. Von der 100 cm breiten Rolle würdet ihr nur 1,8 m Länge benötigen. Bei mir haben die Drahtreste vom Volierenbau ausgereicht.

Plexiglas: Ohne zusätzliche Fenster an der Seite und der Rückwand wäre der Stall innen dunkel. Das Beobachten würde weniger Freude bereiten und in den Übergangsjahreszeiten gäbe es etwas weniger Eier. Je nachdem, wie viele und wie große Fenster ihr haben wollt, benötigt ihr Plexiglasplatten. Ich habe drei Fenster an der Seitenwand mit jeweils 25 × 60 cm Plexiglasplatten und eine große lange oben an der Rückwand mit 25 × 110 cm eingefügt.

Das Material kostet etwa 300 bis 400 Euro, je nachdem, was man noch daheim hat. Dabei sind der Akkuschrauber, die Stichsäge, Zollstock und Tacker nicht mit einberechnet.

Meinen Wachtelbalkonturm habe ich so konstruiert, dass die Ebenen miteinander verbunden sind und somit etwa zehn Wachteln in dem Stall auch von unten nach ganz oben und umgekehrt laufen können. Es ist auch denkbar, den Stall ohne die Durchschlupflöcher der Ebenen zu nutzen und dann drei in sich geschlossen 1-qm-Abteile zu erhalten. Darin könnten dann jeweils etwa drei bis fünf Wachteln leben. Ich habe die Bauschritte, die für die Durchschlupfvariante zusätzlich notwendig sind, mit einem b hinter der Zahl markiert. Also: Alle Bauherren ohne Durchschlupflöcher ignorieren die Schritte 5 b, 6 b etc.

Schritt für Schritt:

1. Mein Baumarkt wollte mir an den Seitenwänden keinen schrägen Schnitt machen. Daher habe ich sie als Rechtecke mit 185 cm × 75 cm mit nach Hause gebracht. Ich messe nun an einer Seite

Für einen geraden Abschnitt der OSB-Seitenwände habe ich zuerst mit zwei Schraubzwingen eine Latte als Führungsschiene für die Stichsäge angeklemmt.

Immer, wo es notwendig erscheint, werden die rauhen Sägekanten mit einer Holzfeile bearbeitet.

10 cm ab und zeichne die Diagonale für das Dach an. Dann schraube ich mir mit zwei Schraubzwingen eine Führungsschiene für einen perfekt geraden Schnitt an. Allerdings muss man den Breitenabstand der Stichsäge berücksichtigen.

2. Die 4 Pfosten sind zu lang und oben nicht angeschrägt: Ich lege die Pfosten auf den Boden und die Seitenwand darauf, so wie ich sie dann in Schritt 3 festschrauben werde. Unten messe ich die 15 cm Freiraum ab, die ich für Untersetzer etc. lassen möchten. Dann werden die Pfosten entsprechend abgesägt.

Die vier Pfosten werden den Seitenteilen entsprechend abgesägt. Zum Anzeichnen der Schnitflächen hatte ich mir auf dem Boden zuvor die Seitenteile auf die Pfosten gelegt.

Anschließend die Seitenwände auf die Pfosten schrauben. Die Pfosten sollen jeweils auf der Außenseite sein, also bitte spiegelbildlich anschrauben.

3. Die Rückwand mit den Seitenteilen verschrauben. Mein Baumarkt hatte keine Platte, aus der mir 175 × 142 cm zugeschnitten werden konnte. Daher habe ich das aufgeteilt auf zwei Platten mitgenommen. Einmal 142 × 110 cm und einmal 142 × 65 cm. So ließ es sich auch einfacher tragen. Ich habe mir zum Zusammenschrauben die eine Seitenwand an eine Wand gelehnt, die eine Rückwandplatte draufgelegt und die andere Seitenwand am anderen Ende darunter balanciert und festgeschraubt. Zu zweit ist dieser Schritt deutlich

Dieser Schritt ist einfacher, wenn das Rückwandelement aus zwei Teilen besteht. Ein riesiges Einzelteil hätte ich alleine mutmaßlich nicht ohne entsprechende Ausraster und zwischenzeitlicher Verzweiflung zusammengeschraubt bekommen.

einfacher, aber es geht auch solo. Achtung: Bitte nicht, wie ich es zuerst gemacht habe, die Rückwand an die Vorderseite anschrauben: Die kurzen Pfosten sind die, an die die Rückwand geschraubt werden soll.

4. Die Dreiviertelkiste aufrichten und Haltelatten für die Bodenplatten anschrauben: zwei Längslatten unten, die einfach an die Pfosten geschraubt werden.

   Dann die unterste Bodenplatte auflegen und schauen, ob sie sich sehr gut einfügt. Bei mir war es etwas verzogen, da ich allein gearbeitet habe und die Seitenwände keinen exakten rechten Winkel mit der Rückwand bildeten. Das konnte ich dann aber recht einfach mit der Bodenplatte ausgleichen und anpassen. Wenn alles bündig sitzt: festschrauben. Die Bodenplatte auch von außen durch die Seiten- und Rückwand mit jeweils 2 bis 4 Schrauben auf jeder Flucht fixieren.

Die Längslatten für den Boden unten von innen an die Pfosten schrauben. Bei der vorderen Latte darauf achten, dass überalle rechte Winkel für die Bodenplatte entstehen.

Die Bodenplatte von außen festschrauben.

5. Rechts und links Haltelatten für die Bodenplatten mittig und oben befestigen. Die Höhen für die Oberkanten der Latten sind jeweils 59 cm über der unteren Platte.

Bei den Halteleisten die Position der Durchschlupflöcher in den Bodenplatten bedenken. Die Halteleiste an der Seite soll nicht das Loch verengen. An der Stelle vom Loch also die Latte etwas weiter vorne anbringen.

5 b: Für die Durchschlupflöcher von unten zur Mitte und von der Mitte nach oben in der gewünschten Ecke 15 × 20 cm aussägen. Die Löcher bekommen eine Einstreu-nach-unten-Fallsperre aus zwei Stückchen Konstruktionslatten.

Das ausgesägte Loch für die Wachteln zum Wechseln der Ebenen.

Als Aufstiegstrittbretter von der darunterliegenden Ebene habe ich eine Zwischenebene mit 90 × 30 cm gebaut, darauf zugeschnittene Konstruktionslatten mit 5 cm Höhe als Kranz, damit die Einstreu von der Ebene nicht herunterfällt.

So sieht meine Gesamtkonstruktion der Zwischenebene und der Stufen hin zum Wechselloch oben rechts aus.

Als linke Stütze für die Zwischenebene habe ich stufenartig diese zwei Nestnischen gebaut.

Als rechte Stütze für die Zwischenebene habe ich diese Nische gebaut.

Als Auf- und Abstiegsstufe direkt unter dem Loch habe ich diese kleine Plattform gebaut. An dieser Stelle werde ich noch weiter experimentieren: Eventuell ist ein Holzklotz, ein dicker Astabschnitt, ein zugesägter Porenbetonstein oder eine flache Rampe noch intuitiver als Aufstiegshilfe für die Wachteln.

Wachteln haben kein Problem damit, ein Hindernis von 10 bis 15 cm zu überspringen, wenn sie sehen oder wissen, dass dahinter etwas ist, wo sie hinwollen. Daher sind entweder eine flache Rampe oder Stufen in Form von Verstecken, Hochebenen und Nestern die Optionen, die wir als bauliche Wege zum Wechseln der Ebenen anbieten können. Bei einer flachen, schrägen Rampe sollte das Schlupfloch etwas größer sein.

6. Die Bodenplatten für die Mitte und oben einlegen und mit Schrauben an den Haltebrettern fixieren.

Die Bodenplatten für die mittlere und obere Ebene werden von oben an den Haltelatten verschraubt.

7. Tragegriffe: An den Seiten außen rechts und links zwei Konstruktionslatten (76 cm lang) anschrauben. Etwa auf der Höhe von 70 cm über dem Boden. Der gesamte Stall wird ordentlich schwer und an diesen Latten lässt er sich gut anfassen, um ihn ggf. ein Stückchen zu verstellen.

Der Stall wird schwer. Um ihn noch versetzen zu können, ist es hilfreich an den Seiten Latten als Tragegriffe anzuschrauben.

8. Die vier Bretter auf 142 cm Länge sägen, die an den Bodenplatten verhindern werden, dass die Einstreu nach vorne herausfällt. Die Latten an die Bodenplatten und die Seitenpfosten schrauben. Die vierte Latte ganz oben an den Pfosten anbringen, hier kann das Dach aufgelegt werden.

Das oberste Querbrett habe ich zuerst in Eile angeschraubt und vor dem Foto schon das Dach aufgelegt: Ein Starkregen stand kurz bevor.

9. Das Dach auflegen und festschrauben. Beim Dach sind verschiedene Konstruktionen denkbar. Ich habe mich für zwei wetterbeständige Siebdruckplatten (Fahrzeugbau) entschieden. Diese passen von den Maßen sehr gut auf den Stall und bieten ausreichend Dachüberstand. Nur die Stoßfuge in der Mitte sollte noch verschlossen werden. Das geht mit einer imprägnierten Latte, einer schmalen Bahn Dachpappe oder Silikondichtmasse. In meinem Baumarkt gibt es günstig Abschnitte von verschiedenen Holzplatten. Ich konnte dort ein Siebdruckplattenstück entdecken, das die Fuge sehr gut abdeckt.

Als Dach habe ich zwei wetterbeständige Siebdruckplatten verwendet. Diese waren zuvor schon vier Jahre lang auf einem anderen, nun abgebauten, Stall im Dauereinsatz.

10. In der Mitte der Fächer von vorne vertikal eine Konstruktionslatte anbringen. Dort können wir später den Verschließmechanismus für die Türen anbringen.

Vorne eine Mittellatte anschrauben.

11. Die Türen aus Konstruktionslatten und Maschendraht konstruieren. Handwerklich begabtere Menschen als ich bekommen das bestimmt auch noch auf andere Arten gut hin. Um Ratten keinesfalls Spalte zum Eindringen zu bieten und dennoch eine gut zu öffnende und schließende Tür zu bauen, bin ich folgendermaßen vorgegangen:

a) Ein schmales Brett mit 6 cm Breite, genauso dick wie die Querlatten aus Schritt 8, zusägen, damit es als vertikaler Türschenkel in das Fach passt. Bei mir sind das 51,5 cm (bitte am eigenen Stall nachmessen, je nach Positionierung der Ebenen kann der Wert etwas variieren). So sind oben und unten noch jeweils 2 mm Luft, damit sich die Tür kratzfrei bewegen lässt.
b) Zuerst habe ich Scharniere auf das Brett geschraubt, dann ein Zollstockblatt als Abstandshalter untergelegt und das Brett mit den Scharnieren an die Seitenwand geschraubt.

Für die Tür habe ich als erstes das Schenkelbrett mit Scharnieren an den Pfosten geschraubt. Ein Blatt vom Zollstock liegt als Abstandshalter unter.

c) Für den Türrahmen unten und oben eine Latte abmessen und anschrauben. Bei mir sind es 68,5 cm. Zuerst eine Schraube anbringen, dann kann man die Latte gut justieren, sodass sie gut schließt und dabei ein wenig überlappt. Dann mit 3 weiteren Schrauben die Latte in der gewünschten Position fixieren.

Die unteren und oberen Querlatten der Türen habe ich mit kleinem Überstand über die festen Bretter angeschraubt. So schließen die Türen dicht und es entstehen keine offenen Spalten.

Da die Konstruktion leicht ist, benötigt es keine weiteren Querwinkel oder Eisen.

Sind die oberen und unteren Querlatten angeschraubt, kann die Tür auf ihre Funktion hin überprüft werden. Gegebenenfalls noch mal anpassen.

Die letzte Latte habe ich von oben und unten mit einer langen Schraube befestigt.

d) An der Tür innen die letzte Latte ausmessen und von oben und unten mit längeren Schrauben festschrauben. Mit dem Tacker so fixieren, dass diese Latte nicht rotieren kann.

Bei mir ergab sich an einer Stelle ein Schlitz, durch den Mäuse hätten eindringen können. Eventuell habe ich unsauber gearbeitet, wahrscheinlicher ist aber, dass die Latten aus dem Baumarkt verzogen und schief waren. Vor dem Kauf kann man die Latten im

Der Dr. Bene Brückentest im Baumarkt zur Qualitätsprüfung von Latten und Brettern.

Baumarkt flach auf den Boden legen und so für alle 4 Längsseiten kurz überprüfen, ob sie eine flache Brücke bilden oder glatt aufliegen. Das hier kann weg, oder?

Tipp:

Bei den unteren zwei Türen die großen Schrauben bereits vorher so weit wie möglich in den unteren Türschenkel bohren. Sonst wird es sehr schwer, von unten den Akkuschrauber und die gesamte Schraube anzusetzen. Zur Not noch etwas Platz gewinnen, indem die Schraube schräg angesetzt wird. Falls das auch nicht möglich ist, muss der Stallrohbau von einer zweiten Person etwas nach hinten gekippt und gehalten werden.

Der Akkubohrer hat für die letzte Latte der Türen vom unteren Fach nicht genug Freiraum. Daher bitte die Schraube schon vor dem Befestigen der unteren Querlatte so tief wie möglich in diese einschrauben.

e) Als Schließer kann man sechsmal 4 Euro investieren und Riegel kaufen oder einfach einen kurzen Lattenabschnitt verwenden. Mit einem Holzbohrer den Lattenabschnitt vorbohren, damit man beim Öffnen und Schließen nicht die Schraube herausdreht.

Für das Schließhölzchen Löcher vorbohren, damit man beim wiederholten Öffnen und Schließen nicht nach und nach die Schrauben herausdreht.

Mit einer Schraube anschrauben, nicht zu fest und nicht zu locker.

Die schicken, selbstgebauten und quasi kostenlosen Holzschließer sind fertig.

f) Für den Draht die Fensteröffnung ausmessen und jeweils etwa 2 cm dazugeben, damit ausreichend Draht vorhanden bleibt, um ihn festzutackern. Bei mir waren das 60 × 47 cm. Den Draht mit einem Seitenschneider zurechtknipsen. Dann von innen festtackern. Überstehende spitze Drahtstacheln abknipsen oder umbiegen.

Den Draht habe ich von innen am Turrahmen festgetackert.

g) Die erste Fenstertür ist fertig! Kopf hoch, die weiteren fünf gehen doppelt so schnell.

12. Lichtfenster an den Seiten und ggf. der Rückwand einbauen. Ich habe das mit Plexiglas gemacht. Es ist kniffelig, aber möglich, Plexiglas mit einer Stichsäge auf Maß zu sägen. Das Plexiglas darf beim Sägen nicht vibrieren und ein Metallsägeblatt sollte genutzt werden. Die gewünschte Öffnung an der Seiten- und/oder Rückwand aussägen. Dazu mit einem dickeren Holzbohrer Löcher in die Ecken der gewünschten Öffnung bohren und dorthinein mit dem Sägeblatt der Stichsäge stechen.

    Dann die Öffnung aussägen.

Für den Fensterausschnitt werden an den Ecken mit dem Holzbohrer Löcher gebohrt.

In diese Löcher kann man mit der Stichsäge einstechen und die Fensteröffnung aussägen.

Die Öffnung sollte an jeder Seite etwa 3 cm kleiner sein als die Plexiglasscheibe, die wir darauf schrauben wollen. Mit einem Holzbohrer am Akkuschrauber (oder ganz behutsam mit der Bohrmaschine in der Einstellung „ohne Schlag“) können vorsichtig kleine Löcher am Rand in die Plexiglasscheiben gebohrt werden.

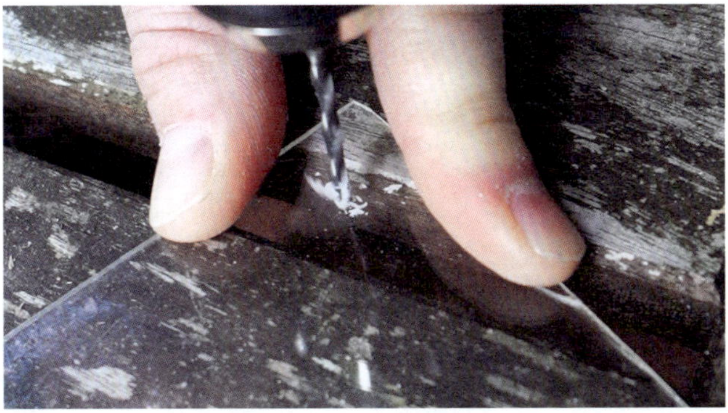

Plexiglas bricht schnell. Daher vorsichtig bohren und sägen. Die Platte darf nicht vibrieren. Gut festhalten, auflegen oder befestigen.

Durch die Löcher lassen sich die Scheiben dann von innen über die Öffnungen anschrauben. Vorsicht! Plexiglas kann beim Bearbeiten schnell brechen. Beim Anschrauben gilt besonders: Nach fest kommt ab!

Nach fest
kommt ab.

Ein Lichtfenster
im Seitenelement
oben.

So sehen die Lichtfenster in meinem Stall im Gesamteindruck aus.

13. Optional: Um auf jeder Ebene zwei unterschiedliche Einstreubereiche anzulegen, habe ich Konstruktionslatten auf 75,1 cm gesägt und diese in der Mitte der Ebene eingeklemmt.

Als Trennschiene von unterschiedlichen Einstreubereichen habe ich eine minimal zu lange Latte eingeklemmt.

14. Nach Wunsch: den Stall streichen.

15. Inneneinrichtung bauen oder kaufen. Einstreu und Inneneinrichtung platzieren. Notwendig sind: Futter, Tränke, Sandbad, Verstecke. Mehr dazu im Kapitel zu Grundlagen der Wachtelhaltung.

Als Sandbad habe ich eine Kiste gebaut und befüllt.

Direkt nach dem Einsetzen der Wachteln haben sie zuerst die Sandbadkiste getestet.

Die Inneneinrichtung der oberen Ebene: Sandbadkiste, Futter- und Wasserspender auf Porenbetonsteinen, Äste, Wallnussbaumlaub. Einstreu links: Buchenhack, rechts: Pinienrinde. Pinienrinde.

16. Die Wachteln einsetzen und beobachten.

Nicht nur eine richtig gute Idee, sondern auch ein wohltuend gutes Gefühl zu sehen, wie die Wachteln die Welt in Beschlag nehmen, die wir für sie geschaffen haben.

Den selbstgebauten Stall feiern, Fotos davon machen und auf Social Media teilen. Dabei unbedingt auch mich taggen (@Worldofwachtel) und auf dieses tolle Buch mit der Anleitung verweisen. Falls ihr keine eigenen Social-Media-Konten habt, kann ich eure Fotos posten. Mailt mir euren fertigen Stall mit Wachteln an: DrBene@worldofwachtel.de

PS: Wachteln sind neugierig, haben aber nur sehr kleine Gehirne. Eventuell benötigen sie einige Tage oder Wochen, bis sie die Ebenen des Stalls sicher durchqueren können. Wir können sie beim Lernen unterstützen, indem wir sie zuerst nur auf einer Ebene eingewöhnen.

Wachtelhenne Angelika geht mutig voran...

...wir schaffen das!

Dann die zweite Ebene öffnen und geduldig sein. Eine einzelne Wachtel, die die neue Ebene erforscht, möchte schnell wieder zurück zur Gruppe und sucht den Rückweg. Das ist optimal, denn die anderen schauen sich den Übergang dann interessiert an und imitieren die erste Entdeckerin. Wir können die Wachteln auch per Hand durch die Öffnung nach oben und unten geleiten und dies zwei bis dreimal am Tag wiederholen. Irgendwann macht es klick und die Tiere haben verstanden, dass sie es auch ohne Hilfe hinbekommen. Nehmen die Wachteln sicher Leckerlis aus der Hand, kann man sie auch damit durch die Öffnungen locken. Später wird es eine Freude sein, zu beobachten, wie sie den gesamten Turm nutzen.

9

Brut und Aufzucht von Wachtelküken

Zu Hause Wachtelküken auszubrüten ist ein großartiges Projekt. Wachteln sind kunstbrutfest und Nestflüchter. Kunstbrutfest bedeutet, dass sie sich mit einer Brutmaschine vergleichbar gut künstlich ausbrüten lassen, wie es in der Natur durch die Vögel selbst gemacht wird. Nestflüchter heißt, dass sie bereits mit voll entwickelten Körperfunktionen (Sehen, Laufen, Fressen, Trinken, Hören) schlüpfen und sich sofort selbst aus dem Nest bewegen können. Mit diesem angeborenen Verhalten erleichtern sie uns kurz nach dem Schlupf die Aufzucht. Dabei gibt es aber auch einige Hürden und Probleme, die immer wieder auftreten. Den allermeisten lässt sich sehr gut vorbeugen, indem man sich vorher informiert und entsprechend handelt. Sollte es dennoch zu einem Unfall oder einer Krankheit kommen, gibt es definitiv Hoffnung auf Heilung. Auf einzelne Trauerfälle sollte man sich aber gefasst machen.

Keine Bange, wir gehen alles zusammen durch. Wer dieses Kapitel aufmerksam liest und beherzigt, wird sich – sobald die ersten eigenen Wachteln gut sechs Wochen nach dem Schlupf mit dem Eierlegen beginnen – dabei erwischen, schon die nächste Wachtelbrut zu planen.

Warum ist es sinnvoll, seine eigenen Wachteln auszubrüten?

Im Vergleich zu Hühnern ist es erheblich schwieriger, Wachtelküken oder -hennen zu kaufen. Zum Teil bieten fahrende Geflügelhändler neben Legehennen auch Wachtelhennen auf Vorbestellung an. Hier wird man selten seine Wunschfarbe kaufen können und aus tierethischen Überlegungen heraus darf infrage gestellt werden, ob ein solches System unterstützt werden sollte.

In jedem dritten Rassegeflügelzuchtverein gibt es geschätzt einen engagierten Wachtelzüchter. Circa 4 500 Ortsvereine in ganz Deutschland haben sich der Rassegeflügelzucht und -haltung verschrieben. Möglicherweise befindet sich in eurem Umfeld also ein privater Wachtelzüchter. Im Idealfall könnt ihr dort Wachteln kaufen oder bestellen, wahrscheinlich aber auch nur in einer oder zwei der vom BDRG anerkannten sechs Farbvarianten (wildfarben, gelb-wildfarben, braunwildfarben, silber-wildfarben, weiß, creme-wildfarben). Etwas Glück ist hilfreich, da quasi alle diese Züchter privat als Hobby züchten und nur im für sie selbst sinnvollem Umfang und zu gewissen Zeiten im Jahr. Nicht jeder will und kann Tiere abgeben. Vor allem nicht die vielversprechendsten jungen Wachtelhennen, die auf der nächsten Herbstausstellung präsentiert werden sollen und – bei hervorragender Preisrichterbewertung – danach den Zuchtstamm bereichern werden.

Bei Hobbyzüchtern hingegen sind Bruteier meist im Übermaß vorhanden. Diese lassen sich gut verpackt in ganz Deutschland verschicken. Die allermeisten Sendungen überstehen den Versand

Für den Versand optimal verpackte Wachtelbruteier.

unbeschadet. Auf den Online-Verkaufsplattformen „Kleinanzeigen“ und „DeineTierwelt“ sowie den beiden großen Wachtelfirmen, der „Vogelsberger Wachtelzucht“ und dem „Wachtelshop“ werden ständig Wachtelbruteier von diversen Farbvarianten angeboten. Wachtelbruteier kosten, Stand 2025, zwischen 50 Cent und 2,50 Euro pro Stück.

Um die Eier auszubrüten, benötigen wir ein wenig Ausrüstung; schließlich haben wir keine Wachtelglucke, der wir die Eier unterschieben könnten (zuverlässige Glucken kommen bei Wachteln zudem äußerst selten vor). Wir benötigen also einen Brutkasten, mit dem wir die Bruteier ausbrüten können. Der Brutkasten ist im Prinzip nur eine Heizbox, in der eine gewisse Temperatur möglichst konstant gehalten wird. Stellen wir noch Wasserbehälter in diese Box, so können wir die relative Luftfeuchtigkeit auf das gewünschte Level erhöhen. Die relative Luftfeuchtigkeit ist abhängig von der Größe der Wasseroberfläche, der Behälter und der Temperatur. Als Letztes sollten die Eier während der Brut noch regelmäßig gewendet werden. Bei der Naturbrut erledigt das alles die Glucke. Aber die haben wir ja leider nicht zur Hand. Eine kurze Warnung an diejenigen, die überlegen, Wachtelküken von einer Hühnerglucke ausbrüten zu lassen: Das Ausbrüten funktioniert ähnlich gut wie bei Hühnereiern unter der Hühnerglucke. Die Wachteleier im Schlupf und auch die frisch geschlüpften Wachtelküken sind erheblich kleiner und zerbrechlicher. Eine nur minimal ungeschickte Hühnerglucke wird daher aus Versehen einige Wachtelküken im Schlupf oder kurz danach zerquetschen.

Es gibt unzählige unterschiedliche Brutkästen (auch Inkubator genannt) zu kaufen. Manche fassen nur sechs Eier, manche mehrere Hundert. Bei einfachen Modellen soll man per Hand die Eier wenden, bei anderen werden diese automatisch gewendet. Das Wenden wird normalerweise entweder über ein Roll- oder ein Kippsystem bewerkstelligt. Die allermeisten Brutgeräte sind so ausgerüstet, dass sie mit nur minimalen Umbaumaßnahmen sowohl Hühner- als auch Wachteleier fassen können. Die gewünschte relative Luftfeuchtigkeit wird über Rinnen, Schälchen oder sogar Zerstäubungssysteme erreicht. Zur Wärmeerzeugung werden unterschiedliche Heizungen und Regelungen verbaut. Früher in der DDR wurden zum Teil selbstgebaute

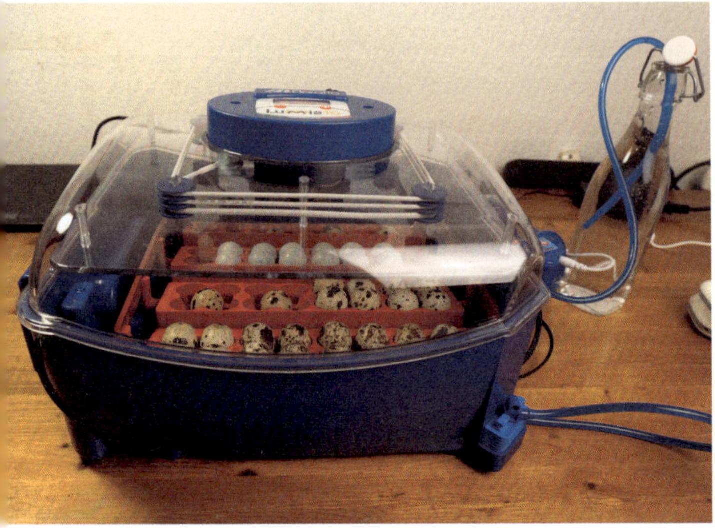

Motorbrüter haben einen Ventilator und damit eine aktive Luftdurchmischung. Hier befinden sich die Heizschlaufen im durchsichtigen Deckel. Die Wendung der Eier erfolgt bei diesem Modell mit einem Kippmechanismus automatisch. Die Luftfeuchtigkeit im Innern wird mit einem Sensor gemessen und von der Flasche rechts wird bei Bedarf automatisch etwas Wasser in den Innenraum gepumpt.

Holzboxen nur mit der Wärmeerzeugung einer 100-Watt-Glühbirne erfolgreich als Brutkästen genutzt. Teure High-End-Geräte haben mittlerweile Wärmefühler eingebaut und regeln die Heizleistung dynamisch. Wichtig ist, dass die Temperatur konstant ohne größere Schwankungen im Bereich um 37,8 °C gehalten werden kann.

Den Brutgeräten liegt jeweils eine Bedienungsanleitung bei. Hier findet man die vom Hersteller empfohlenen Parameter jeweils für Hühner, Gänse, Puten, Enten und Wachteln. Es gibt gut verständliche und ausführliche Brutanleitungen und auch solche, die lediglich völlig unbrauchbare KI-Übersetzungen aus dem Chinesischen zu sein scheinen. Die optimalen Brutparameter sind keine in Stein gemeißelten festen Zahlen mit zwei Nachkommastellen. Es sind langjährige Erfahrungswerte, die von verschiedenen Wissenschaftlergruppen überprüft, infrage gestellt, bestätigt oder leicht verschoben wurden.

Ein Beispiel, das oft bei Anfängern für große Verwirrung sorgt, ist die unterschiedliche Bruttemperatur, die bei Flächenbrütern ohne Luftumwälzung mit 38,3 °C, hingegen bei Motorbrütern mit Luftumwälzung mit 37,8 °C angegeben ist. Was stimmt denn nun?

Beides: Beim Flächenbrüter wird die Temperatur an der Eioberkante gemessen, der Hersteller Bruja empfiehlt, vor Brutbeginn ein

Ein einfacher Flächenbrüter. Kein Ventilator. Die Wärme kommt nur von oben. Die Eier liegen auf den sogenannten Rollhorden zwischen den Stäben. Die Stäbe können über die Schnur von außen per Hand gedreht werden, sodass die Eier rollen. Unter den Eiern befindet sich eine Plastikschale mit drei Rinnen, die nur durch ein Öffnen von oben befüllt werden können. Rechts steht das „Schlupfgitter", auf dem nach dem Umbau die Schlupfbrut stattfinden soll. Das Gitter ist für Wachtelküken eine große Verletzungsgefahr, da die Zehen genau in die Maschen passen.

dünnes Stück Kartonpapier auf die Eier zu legen und den Temperaturfühler so zu justieren, dass er das Papier ganz leicht berührt.

Ohne Ventilator gibt es kaum Luftverwirbelungen und es entsteht ein stabiler Wärmegradient. Bei einem Hühnerei erhält man somit an der Eioberkante 38,3 °C, in der Eimitte 37,8 °C und an der Eiunterkante 37,3 °C. Bei der Naturbrut ist die Wärmequelle, der Bauch der Glucke, auch nur oben. Durch ein Wenden der Eier mittelt sich die Bruttemperatur für das entstehende Küken im Ei dann auf die 37,8 °C, die auch bei den allermeisten Motorbrütern mit Ventilatoren empfohlen sind. Im Brutkasten gibt es nicht nur das Temperaturgefälle von oben nach unten, sondern in geringem Maße auch hin zu den Seitenwänden – selbst bei Motorbrütern mit Ventilator. Einige Hersteller empfehlen daher, die Eier per Hand während der Brutdauer mehrmals von außen nach innen und umgekehrt umzulagern.

Die Küken im Ei produzieren, je weiter sie in ihrer Entwicklung voranschreiten, immer mehr Eigenwärme. Daher wird bei einigen Brutgeräten (Flächenbrütern und solche ohne Temperaturfühler und dynamische Wärmeregelung) empfohlen, die eingestellte Temperatur drei Tage vor dem Schlupf um 0,3 °C abzusenken. Durch die zusätzliche Eigenwärme der Küken soll dadurch ein Überhitzen verhindert werden.

Zu hohe Bruttemperaturen, Lethalfaktoren, genau wie Inzucht und eine Kombination von allem (oder kranke Elterntiere), können Missbildungen bei den Küken hervorrufen oder sogar verhindern, dass überhaupt Küken schlüpfen. Recht häufige Missbildungen sind

Ein Wachtelküken mit Spreizbeinen. Dieses konnte mittels Tapen geheilt werden.

Ein Celadon-Wachtelküken mit Sichel- und Knickzehen. Die Ursache sind zu starke Inzucht, Gendefekte und/oder zu hohe Bruttemperatur. Leichte Formen davon können sich im Wachstum bei gutem Untergrund (z.B. Holzgranulat) Richtung „normal" verwachsen. Solche Küken bitte markieren und nicht weiter vermehren.

Kreuzschnäbel, bei denen der Ober- und der Unterschnabel nicht aufeinanderpassen, Spreizbeine, die unter dem Körper breit abspreizen, und Sichelzehen, bei denen die drei Vorderzehen zur Seite verbogen sind.

Eine etwas zu hohe Bruttemperatur führt auch dazu, dass sich die Küken schneller im Ei entwickeln und früher als erwartet aus dem Ei schlüpfen.

Mein Videotipp: Spreizbeine bei Wachtelküken selbst behandeln – Heilung in nur 5 Tagen!

Videotipp:

https://youtu.be/uZRi0OCUyiU

Am Geflügel-Forschungs-Zentrum der Universität Alberta haben Forscher[9] an 800 japanischen Legewachteleiern überprüft, inwiefern sich unterschiedliche Bruttemperaturen auf die Schlupfrate, das Schlupfgewicht, die Brutdauer und die Sterblichkeit auswirken.

Es wurden die Temperaturen 34, 35, 36, 37, 38, 39, 40 und 41 °C getestet. Die relative Luftfeuchtigkeit betrug immer 60–65 %. Die optimale Bruttemperatur für Wachteleier liegt ganz klar zwischen 37 und 38 °C, leider gab es in der Studie keine Zwischenstufen bei z. B. 37,4 und 37,8 °C, siehe Abbildung auf der nächsten Seite.

Von den meisten Brutgeräteherstellern wird in der Bedienungsanleitung für Wachteleier schlicht die Temperatur für Hühnereier mit 37,8 bzw. 38,3 °C (bei Flächenbrütern) übernommen und angegeben. Wachtelexperten hingegen empfehlen sowohl im deutschsprachigen Raum als auch international meist **37,5 °C als die optimale Bruttemperatur für Wachteleier.**

---

[9] Romao, J.M. et al. (2009): Incubation of Japanese Quail at different temperatures: Hatchability, Hatch weight, Hatch Time and embryonic mortality. Achives of Veterinary Science, v.14, n3, p. 155-162, ISSN 1517-784X.

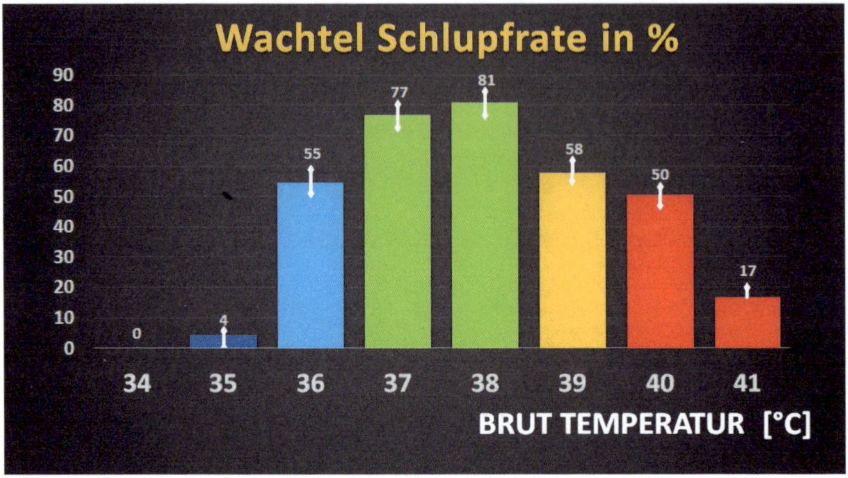

Temperaturabhängige Schlupfquoten bei Wachteln. Leider gab es zwischen 37 und 38°C keine Zwischenstufe.

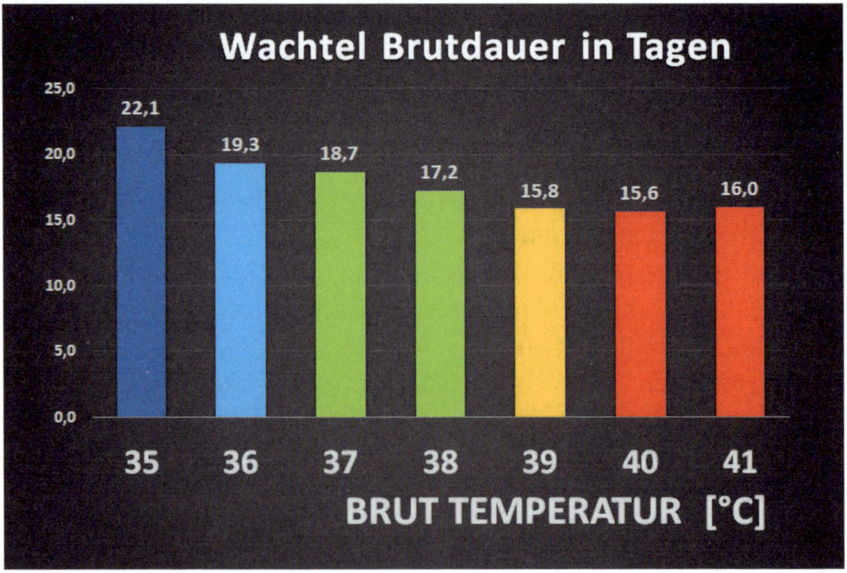

Temperaturabhängige Brutdauer bei Wachteln in Tagen.

Eine WiFi-Temperatur- und Luftfeuchtigkeitsüberwachung hilft sehr böse Überraschungen zu vermeiden. In der App wird oben die aktuelle Temperatur und Luftfeuchtigkeit angezeigt und unten im Diagramm kann der Verlauf der letzten Stunden, Tage und Wochen eingesehen werden. Der kurze Temperatureinbruch am 4. Juni wurde durch ein Öffnen und Schieren der Eier verursacht.

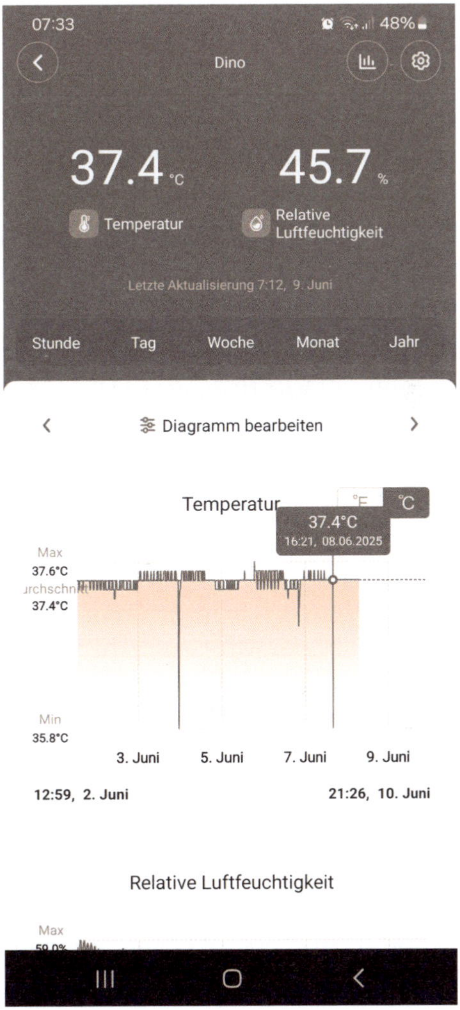

Die Küken bei 35 °C benötigten 22 Tage (531 Stunden) Brutdauer bis zum Schlupf, die bei 40 °C nur 15,6 Tage (375 Stunden). Der Unterschied von einem Grad zwischen 37 °C (18,7 Tage) und 38 °C (17,2 Tage) verursachte eine um 35 Stunden verkürzte Brutdauer.

Eine normale Wachtelbrut bei annähernd optimalen Bruttemperaturen dauert demnach zwischen 17 und 19 Tagen. Hierbei spielt auch noch das Alter und die Größe der Bruteier eine Rolle: Küken aus

Eiern mit 12 g werden im Schnitt etwas eher schlüpfen als Jumbo-Wachtelküken aus Eiern mit 16 g.

Ich selbst brüte meine Wachteln bei 37,4 °C. Der Grund für das weitere leichte Absenken ist, dass ich bei einer Brut mit 37,7 °C mehrere Küken mit Spreizbeinen hatte. Die Eier stammten von einem Online-Wachtelunternehmen. Mir liegen daher keine Informationen zu Haltungsbedingungen, Genetik, Inzuchtgrad, Alter und Gesundheitszustand der Elterntiere vor. Bei 37,4 °C traten bislang keine Missbildungen mehr auf. Allerdings habe ich dann meine Bruteier woanders bezogen bzw. meine eigenen Eier verwendet.

Temperatur präzise auf 0,1 °C genau zu messen, ist technisch erheblich schwieriger, als viele denken. Ich vertraue daher den eingebauten Thermometern in meinen Brutkästen nur eingeschränkt und habe zur Überwachung zwei WiFi-Hygro-Thermometer, die etwa so groß sind wie ein Ei und die ich mit in den Brutkasten legen kann. Über eine App kann ich jederzeit die Temperatur und auch die relative Luftfeuchtigkeit abrufen. Gleichzeitig erhalte ich auch den gesamten Temperatur- und Luftfeuchtigkeitsverlauf über die ganze Brut hinweg.

Am Schlupftag zeigt mir der Luftfeuchtigkeitsverlauf in der App sogar an, wann genau die ersten Küken schlüpfen: Immer, wenn ein Ei aufgeht, gibt es eine kleine Spitze in der Luftfeuchtigkeit.

Die **Luftfeuchtigkeit** im Brutkasten spielt bei der Schlupfrate von möglichst vielen gesunden Wachtelküken eine große Rolle. Wasser macht etwa 68 % des Eigengewichts aus. Am Start und während der Brut soll ausreichend Wasser um den sich entwickelnden Embryo vorhanden sein. In der späten Brutphase ist es wichtig, dass schon ausreichend Feuchtigkeit aus dem Ei umgesetzt oder entwichen ist, damit die Lungenatmung vor dem Schlupf schon im Ei gestartet wird. Wird mit zu hoher Luftfeuchtigkeit gebrütet, so bleibt die Luftblase im stumpfen Ende des Eies klein; der Schnabel kann dort dann nicht einstechen, um zu atmen. Das fast schlupfbereite Küken ertrinkt dann im Ei.

Die Brutphasen werden in eine Haupt- (Vorbrut) und eine Schlupfbrut (im Englischen „Lockdown“) unterteilt. Während der Hauptphase werden die Eier gewendet, in der Schlupfbrut nicht. Die Küken

Bei diesem gelb-wildfarbenen Küken sehen wir vorne auf dem Oberschnabel ein kleines gelbliches Horn. Das ist der Eizahn, mit dem punktuell aus dem Eiinneren der gesamte Druck aus der Körperspannung auf eine kleine Stelle übertragen wird. So kann das Ei von innen aufgedrückt werden. Der Eizahn fällt wenige Stunden nach dem Schlupf ab.

orientieren sich für den Schlupf mit dem Schnabel nach oben hin und drücken mit dem Schnabel von innen die Eischale auf. Dies wird gern umgangssprachlich als Anpicken bezeichnet. Die Küken füllen vor dem Schlupf das Ei komplett aus und haben keine Möglichkeit, für ein Anpicken von innen Schwung mit dem Kopf zu holen. Sie benutzen ihre gesamte Körperspannung, um mit einer Streckung Druck über den Eizahn auf die Eischale auszuüben.

Empfehlungen gehen bei der einzustellenden Luftfeuchtigkeit (LF) bei der Wachtelbrut auseinander. Der Brutgerätehersteller Bruja gibt 65 % LF für seine Flächenbrüter vor. In der Züchterschulung des BDRG werden in der Hauptbrut 55 % LF und in der Schlupfbrut 80 % LF empfohlen. Dr. Dietmar Köhler gibt in seinem Buch „Wachtelhaltung" 60 % LF in der Hauptbrut und 80 % LF in der Schlupfbrut an. Baresch und Volk schließen sich in „Wunderbare Wachtel Welt" mit 55 % LF in der Hauptbrut und 75 % LF in der Schlupfbrut diesen Empfehlungen an. International finden sich häufig Angaben, die deutlich weniger Luftfeuchtigkeit in der Hauptbrut für Wachteln empfehlen: 40–50 % LF und bis zu 80 % in der Schlupfbrut. Die höheren Werte bei der Schlupfbrut sollen die poröse Eischale brüchiger machen und dabei helfen, dass die innere Eihaut nicht austrocknet. Die innere

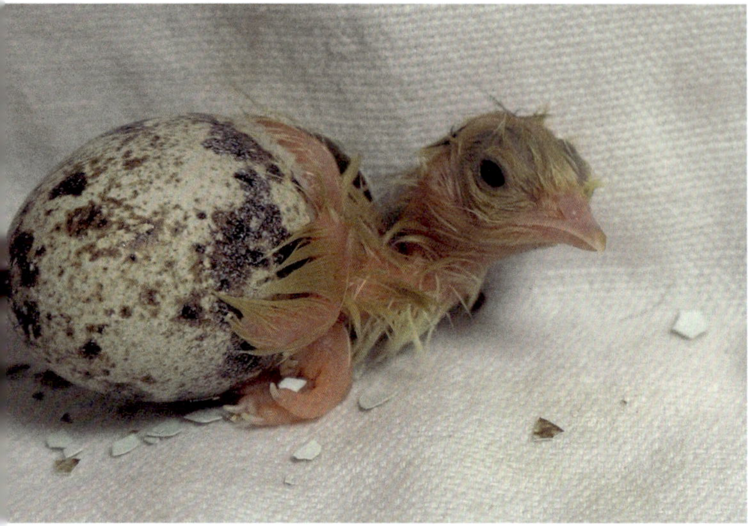

Dieses Dotted-White-Wachtelküken ist bei mir im Schauschlupfbrüter vor laufender Kamera geschlüpft.

Eihaut verfärbt sich beim Trocknen von Transparent zu Weiß-Gelblich. Die feuchte Eihaut kann gut vom schlüpfenden Küken aufgerissen werden, wenn es den Deckel des Eies aufdrückt. Eine trockene Eihaut wird zäh und macht das Schlüpfen erheblich schwerer bis unmöglich.

Daher sollte der Brutkasten im laufenden Schlupfereignis möglichst nicht geöffnet werden. Beim Öffnen geht durch die kühlere Raumtemperatur gegenüber der höheren Temperatur im Brutkasten schlagartig sehr viel relative Luftfeuchtigkeit (temperaturabhängig) verloren. Falls es doch zwingend notwendig ist, kann man kurz vor dem Schließen des Brutkastens mit einem Zerstäuber – der z. B. auch für Pflanzen verwendet wird – zwei bis drei Sprüher warmes Wasser in den Brutkasten sprühen.

Eine Wissenschaftlergruppe[10] hat auch den Effekt der relativen Luftfeuchtigkeit auf den Bruterfolg bei japanischen Wachteleiern überprüft. 300 Wachteleier wurden auf die drei Feuchtigkeitsstufen gering (36 % LF), mittel (52 % LF) und hoch (77 % LF) aufgeteilt.

10 Romao, J.M. et al. (2012): Effect of relative humidity on incubation of Japanese quail eggs. Livestock Research for Rural Development. Volume 21, Article 38.

Es wurde bei 37,5 °C gebrütet und die Eier in der Hauptbrut gewendet. An Tag 15, nach 360 Stunden, wurde für die Schlupfbrut die Wendung ausgeschaltet, die Temperatur und die jeweilige relative Luftfeuchtigkeit blieben entsprechend den Versuchsgruppen konstant.

Da ich bislang nach deutschen Empfehlungen immer bei 55–60 % LF in der Hauptbrut gebrütet hatte, waren die Ergebnisse für mich im ersten Moment überraschend und ich musste mein Handeln neu überdenken. Eine andere Option wäre es, den Aufbau oder die Methoden der Studie infrage zu stellen und sie dann einfach zu ignorieren. Allerdings kann ich, auch mit meiner kritisch-naturwissenschaftlichen Wissenschaftlerbrille, aus der Publikation heraus keinerlei nennenswerte Fehler entdecken. Die geringste Schlupfquote mit 78 %, bezogen auf die befruchteten Eier, zeigte die Variante mit hoher Luftfeuchtigkeit (77 %). Die Schlupfquote in der mittleren Variante mit 52 % LF, die den deutschen Empfehlungen am nächsten ist, betrug 86 %. Die beste Schlupfquote mit 92 % zeigte die trockene Variante mit nur 36 % relativer Luftfeuchtigkeit.

Wachteleier und die innere Eihaut sind etwas dicker und zäher als bei Hühnereiern. Zusätzlich besitzen die Wachteleier Pigmentauflagerungen (schwarze Flecken), die den Luft- und Feuchtigkeitsaustausch

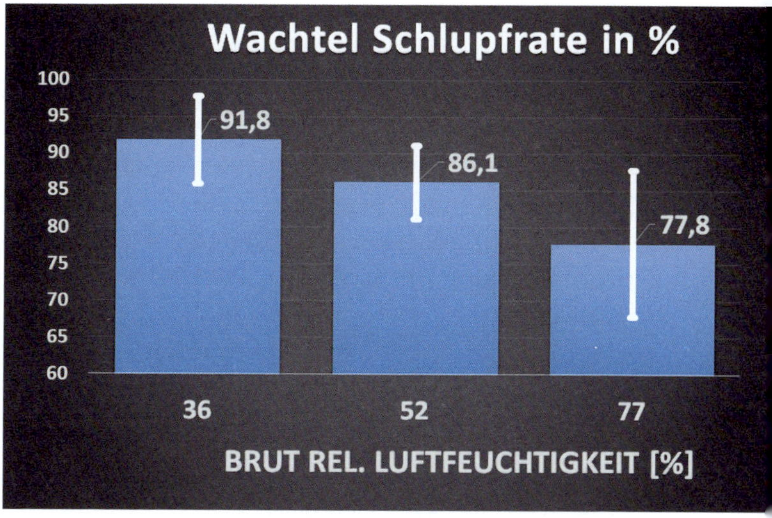

Luftfeuchtigkeitsabhängige Schlupfquote bei Wachteln. Bitte die sich überlappenden Erwartungsbereiche (Standardabweichung), dargestellt als weiße Hanteln, beachten.

der Brutumgebung mit dem Eiinneren weiter reduzieren. Es ist daher vollkommen plausibel, dass für Wachteleier eine etwas trockenere Brut – gegenüber der von Hühnereiern – zu etwas mehr gesunden Wachtelküken führt. Der Erwartungsbereich (Standardabweichung) der Varianten ist in der Grafik mitaufgetragen. Er ist recht groß, da bei diesem Versuchsaufbau z. B. auch mit 52 % LF Schlupfraten von über 90 % erreicht werden können.

Auf Grundlage dieser Erkenntnisse und Überlegungen, zusätzlich in Rücksprachen mit einigen Züchtern aus dem Sonderverein der Japanischen Legewachteln, schlage ich 40–50 % relative Luftfeuchtigkeit bei der Hauptbrut und eine Erhöhung auf circa 75 % für die Schlupfbrut vor.

Der dritte Brutparameter mit großem Einfluss auf das Schlupfergebnis ist das Wenden der Eier während der Hauptbrutphase. Es ist gängiges Wissen, dass Bruteier bis zur Schlupfbrut gewendet werden sollten. Dadurch werden Fehlpositionen des Embryos und vor allem Anhaftungen und Verwachsungen des Embryos oder der Embryomembran an der inneren Eimembran verhindert. Selten wird ohne Begründung empfohlen, erst ab dem 3. Bruttag zu wenden. Eine Glucke in Naturbrut wendet die Eier sofort ab dem Start der Brut. Ich wende die Eier immer ab Brutbeginn, indem ich die automatische Wendung anschalte (allein schon aus dem Grund, da ich befürchte, es sonst am Ende von Tag 3 zu vergessen). Welche Auswirkungen eine statische Brut ganz ohne Wendung auf den Schlupf von Wachtelküken hätte, haben Wissenschaftler überprüft.[11]

600 Wachteleier wurden auf vier Varianten aufgeteilt: statisch vertikal stehend mit dem spitzen Ende nach oben, statisch vertikal mit dem spitzen Ende nach unten, horizontal liegend ohne Wendung, horizontal liegend mit Wendung. Gebrütet wurde bei 37,5 °C und einer relativen Luftfeuchte von 60 %. An Bruttag 15 wurden alle Eier für die Schlupfbrut horizontal liegend positioniert, ohne Wendung. Temperatur und Luftfeuchtigkeit blieben wie zuvor.

---

11 Moraes et al. (2008): Effects of egg position in artificial incubation of Japanese quail eggs (*Corturnix japonica*). Anim. Reprod., v.5, n.1/2, p. 50-54.

Schlupfrate in Abhängigkeit mit und ohne Wendung, sowie der Eiposition.

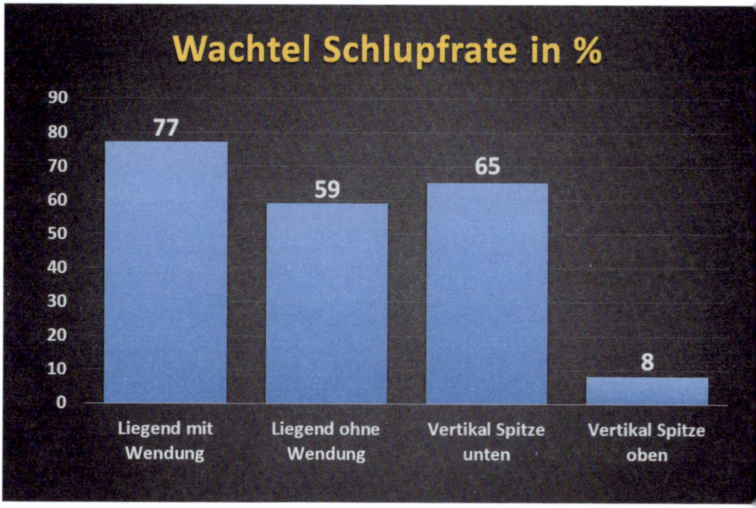

Wie zu erwarten, zeigten die Wachteleier liegend mit Wendung das beste Schlupfergebnis mit 77 %. Leider ist aus der Studie nicht herauszulesen, ob die Schlupfquote bezogen nur auf die befruchteten oder auf alle eingelegten Eier angegeben wird. Da immer auch ein paar Bruteier unbefruchtet sind, sollten diese für den Erkenntnisgewinn außen vor gelassen werden. Erstaunlich sind die unerwarteten Ergebnisse der Varianten „Liegend, ganz ohne Wendung“ mit „Vertikal stehend, Spitze nach unten, ohne Wendung“ mit 59 und 65 % Schlupfquote. Bei einem Brutgerät ohne automatische Wendevorrichtung braucht sich also niemand, der einmal das Wenden per Hand vergessen hat, Vorwürfe zu machen, er habe dadurch drei Küken auf dem Gewissen. Die Variante „Statisch, mit Spitze nach oben“ hat vermutlich so schlecht abgeschnitten (nur 8 % Schlupfrate), weil die Luftblase im Ei im stumpfen Ende sitzt (in diesem Fall unten im Ei) und eine Fehlpositionierung der Küken im Ei hervorgerufen wurde.

Bei Erstbrütenden gibt es oft eine Verunsicherung oder gar Angst, einen Parameter nicht 100 % korrekt einzustellen. Mit der Aufarbeitung der extrem unterschiedlichen Brutparameter aus den zitierten Veröffentlichungen möchte ich diese Angst nehmen. Wachteln sind gut kunstbrutfest und die Parameter sind nicht als in Stein gemeißelte feste Werte, sondern eher als ein Bereich mit einer gewissen Toleranz zu verstehen. Schlüpfen über 80 % Küken, bezogen auf die befruchteten Eier, ist das schon in Ordnung und es darf mittels Feinjustierung versucht werden, weiter zu optimieren. Über 90 % Schlupfquote ist meisterlich, weiter so! Bei unter 70 % sollte auf Fehlersuche gegangen werden. Das müssen aber nicht zwangsläufig die Brutparameter sein; einen sehr großen Einfluss haben auch die Elterntiere sowie das Alter und die Lagerbedingungen der Bruteier. Versandbruteier haben meist auch eine schlechtere Schlupfquote als eigene Eier.

Oft wird gefragt, ob der Tag, an dem die Bruteier eingelegt werden, schon Bruttag 1 ist oder Tag 0. In der Tabelle habe ich daher einen Brutplan aufgeschrieben, wie er bei mir üblicherweise stattfindet: Ich lege die Bruteier an einem Mittwoch ein, damit ich an Tag 4 am Sonntagabend das erste Mal in Ruhe die Eier durchleuchten (= Schieren) kann. Dann sehe ich schon grob, auf wie viele Küken ich mich freuen darf.

An Bruttag 15 schalte ich die Wendung aus und lagere die Bruteier zur Schlupfbrut um. Je nach Brutmaschine sind hierbei völlig unterschiedliche Handgriffe notwendig. Schaut dazu bitte in die Bedienungsanleitung eures Geräts. Durch zusätzliche Wasserschälchen erhöhe ich die Luftfeuchtigkeit für den Schlupf. Am Samstag höre ich dann schon die ersten Küken im Ei piepen und an manchen Stellen ist schon in einem Loch im Ei ein kleiner Schnabel zu sehen. Am Sonntagmorgen sind die ersten Küken im Brutkasten.

Während der Brut kann man die Bruteier mit einer starken Lampe durchleuchten und so einiges vom Inneren sichtbar machen. Nicht jedes Brutei ist befruchtet und manche Eier haben kleine Risse (diese Eier gar nicht erst einlegen) oder die Embryonen sterben während der Brut ab. Solche Eier sollte man aus dem Brutkasten entnehmen. Diese Eier können Brutstätten für Keime sein; sehr alte Bruteier können durch die Brut platzen und den Brutkasten und die anderen Eier verschmutzen. Auch werden aus unbefruchteten Eiern keine Küken schlupfen. Übernehmen wir diese und die Eier, in denen die Küken bereits abgestorben sind, mit in die Schlupfbrut, so werden wir an den Tagen nach dem Schlupftag verzweifelt auf weitere Küken warten. Es werden aber keine mehr schlüpfen. Aber Achtung, es kann auch mal

Brutplan jap. Legewachteln

Wochen-tag	Aktion	Bruttag	Brutdauer in h	Temp.	rel. LF
Mi	Einlegen Bruteier	Tag 0	0	37,4 °C	45%
Do		Tag 1	24	37,4 °C	45%
Fr		Tag 2	48	37,4 °C	45%
Sa		Tag 3	72	37,4 °C	45%
So	Schieren der Bruteier, unbefruchtete Eier entnehmen	Tag 4	96	37,4 °C	45%
Mo		Tag 5	120	37,4 °C	45%
Di		Tag 6	144	37,4 °C	45%
Mi	Erneutes Schieren der Wackelkandidaten	Tag 7	168	37,4 °C	45%
Do		Tag 8	192	37,4 °C	45%
Fr		Tag 9	216	37,4 °C	45%
Sa		Tag 10	240	37,4 °C	45%
So		Tag 11	264	37,4 °C	45%
Mo		Tag 12	288	37,4 °C	45%
Di		Tag 13	312	37,4 °C	45%
Mi		Tag 14	336	37,4 °C	45%
Do	Wendung AUS; Schieren beim Umlagern in die Schlupfbrut, abgestorbene Eier aussortieren	Tag 15	360	37,4 °C	45%
Fr		Tag 16	384	37,4 °C	65%
Sa		Tag 17	408	37,4 °C	75%
So	Küken schlüpfen	Tag 18	432	37,4 °C	80%

Ein unbefruchtetes Wachtelei an Bruttag 4: Es leuchtet heller als befruchtete Eier. Es sind keine Äderchen sichtbar. Der Eidotter ist als Schemen zu erkennen.

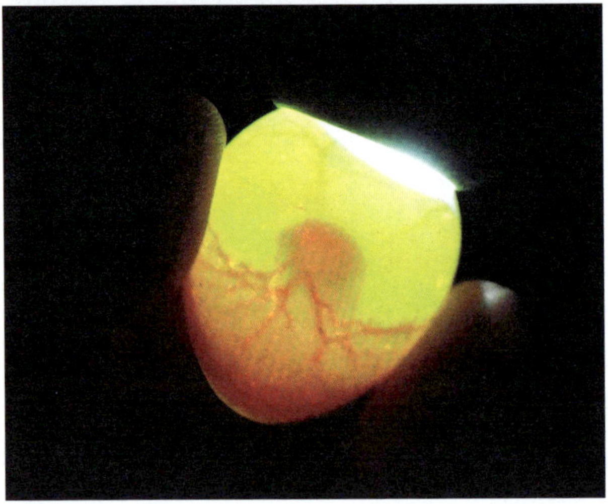

Ein befruchtetes Celadon-Wachtelei an Bruttag 4: Der kleine Embryo ist deutlich sichtbar. Äderchen fächern von ihm aus. Das sieht so ähnlich aus, wie eine Blutspinne.

gesund schlüpfende Nachzügler an Schlupftag + 1, + 2 und vereinzelt +3 geben; danach wird es dann sehr unwahrscheinlich.

Ein Schieren der Bruteier wird vielfach an Tag 7, Tag 9 und Tag 14 empfohlen. Es darf aber auch an jedem anderen Tag in der Hauptbrutphase geschiert werden. Auch eine Glucke würde einmal am Tag kurz aufstehen und das Nest verlassen, um Nahrung aufzunehmen

Wir sehen eine Hälfte eines großen Blutrings an Bruttag 4 bei einem Celadon-Wachtelei. Dieses Ei war befruchtet, der Lebenskeim ist sehr früh abgestorben. Der Ring sind die Auflösungserscheinungen. Der Ring beginnt kleiner und wird über wenige Tage größer und löst sich auf. An Tag 9 geschiert, würde man dieses Ei als „unbefruchtet" dokumentieren. Das wäre eine Fehleinschätzung.

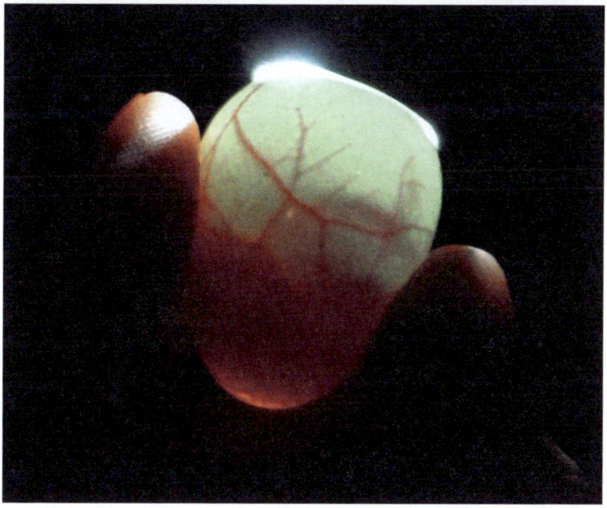

Ein gut entwickeltes Ei an Bruttag 9: Der Embryo ist größer und sitzt hier unten im Ei. Die Äderchen sind in dem Celadon-Wachtelei sehr gut zu erkennen. Wenn bei einem normalen Wachtelei zwischen den Flecken Äderchen zu erkennen sind, ist auch alles in Ordnung.

und Kot abzusetzen. Dabei kühlt das Gelege auch ein wenig ab, ebenso wie es beim Schieren passiert, wenn der Brutkasten kurz geöffnet ist. Ich sehe bereits an Tag 4 schon sehr gut, ob ein Ei befruchtet ist oder nicht. Unbefruchtete Eier leuchten wie Glühbirnen und man erkennt die Dotterkugel als etwas dunklere Schemen.

Ein normales Wachtelei an Bruttag 14: Die Luftblase ist deutlich größer geworden (der helle, schräge Bereich oben rechts). Für das fast fertige Küken wird es schon eng im Ei (schwarzer Bereich). Nur oben sehen wir noch einen kleinen Streifen mit Blutäderchen.

Ein befruchtetes Ei wirkt dunkler und man erkennt „die Spinne" im Ei. Das ist der circa 3 mm große Embryo, von dem aus Äderchen dendritisch unter der Eioberfläche ausfächern. Sie beginnen die gespeicherten Nährstoffe für das Wachstum aufzuzehren. Diese „Spinne" sitzt immer ausgerichtet ganz oben im Ei, direkt unter der Eischale.

In Eiern, die befruchtet waren, der Embryo aber schon sehr früh wieder abgestorben ist, erkennt man einen „Blutring" direkt unter der Schale. Dieser Blutring löst sich nach wenigen Tagen wieder auf. Manchmal hat man auch bei sich gut entwickelnden Eiern den Eindruck, dass es im äußeren Bereich der Äderchen einen Ring gibt. In diesem Fall sieht man allerdings auch intakte Äderchen innerhalb des Rings. Diese Eier sind in Ordnung. Sobald beim Schieren, an welchem Tag auch immer, irgendwo nur ein Stückchen eines Äderchens unter der Eischale sichtbar ist, ist alles in Ordnung.

An späteren Bruttagen wird das Küken im Ei größer und auch die Luftblase im stumpfen Ende des Eies wird deutlich größer. Das ist gut so. Alles ist in Ordnung.

Sollten die Bruteier vor der Brut desinfiziert werden?

Eigene, frische Bruteier aus einem gesunden Bestand benötigen keine Desinfektion. Die natürliche Schutzschicht der Eischale (Cuticula) hilft dabei, Keime abzuwehren. Auch gibt die Mutterhenne Antikörper von den Krankheiten, die ihrem Immunsystem bekannt sind, mit ins Ei weiter. Anders sieht es aus in diesen Fällen:

- **Zugekaufte Eier**, abgeholt von privaten Züchtern.
- **Versandeier von Onlineportalen oder -shops**, die bei der Brut und dem Schlupf durch die Erschütterungen auf dem Transportweg, die Temperaturschwankungen und das etwas höhere Alter sowieso schon etwas schlechtere Ausgangsbedingungen haben und meist leicht reduzierte Schlupfquoten zeigen.
- **Gemeinschaftsbruten**, bei denen Eier von mehreren Geflügelfreunden zusammenkommen.

Hier kann eine Desinfektion das Risiko deutlich senken, unerwünschte Krankheitserreger in den Brutapparat und dann in den eigenen Bestand einzuschleppen.

Die Übertragung von Krankheiten über Bruteier kann auf zwei Wegen erfolgen:

1. **Extern (über die Eischale):** Kontamination durch Kot, Staub oder Sekrete.
2. **Intern (über den Eiinhalt):** Vertikale Übertragung – die Henne gibt die Erreger direkt an den Embryo weiter.

Folgende Krankheiten können auf der Eischale anhaften:

1. Salmonellen (*Salmonella spp.*)

- **Eischale:** Salmonellen haften häufig an der Schale (besonders bei verschmutzten Eiern). Beim Schlupf können Küken die Keime einatmen oder verschlucken.
- **Eiinhalt:** Möglich, aber seltener.

2. Mykoplasmen (*Mycoplasma gallisepticum*)

- **Eischale:** Nur bei direkter Kontamination vorstellbar (z. B. durch Nasensekret infizierter Hennen).

- **Eiinhalt: Hauptübertragungsweg!** Mykoplasmen werden primär **vertikal** übertragen – die Henne infiziert den Embryo über den Eileiter. Eine Schalendesinfektion hilft hier nicht.

3. Aspergillose (Schimmelpilze)

- **Eischale:** Sporen von *Aspergillus spp.* können auf der Eischale sitzen und von da aus auch den Brutkasten kontaminieren. Diese Pilze befallen dann die Atemwege der frisch geschlüpften Küken.
- **Eiinhalt:** Nein. Der Pilz dringt nicht aktiv ins Ei ein.

4. *E. coli*

- **Eischale:** Häufig! Bakterien aus Kot oder verschmutzten Nestern haften an der Schale.
- **Eiinhalt:** Normalerweise nicht, aber bei geschwächten Hennen möglich. Außerdem kann der Erreger während der Brut von der Außenschale ins Eiinnere eindringen.

5. Marekschе Krankheit

- **Eischale:** Ja: Das Virus kann auf der Eischale als Federstaubpartikel anhaften.
- **Eiinhalt:** Nein. Die Übertragung erfolgt erst nach dem Schlupf durch Kontakt mit infiziertem Staub.

Eine Desinfektion der Schale bekämpft **externe Erreger** (Salmonellen, *E. coli*, Aspergillose-Sporen, Marek). **Vertikal übertragene Krankheiten** (z. B. Mykoplasmen) können durch Desinfektion **nicht** verhindert werden.

Früher setzte man oft **Formaldehyd** zur Bruteidesinfektion ein, das jedoch stark gesundheitsschädlich ist. Studien belegen, dass Oregano-Extrakt dank seiner antimikrobiellen Wirkstoffe (Carvacrol und Thymol) genauso gut und zum Teil sogar besser gegen Bakterien und Pilze wirkt.[12]

---

12 Yildirim et al. (2003): The Use of Oregano (Origanum vulgare L) Essential Oil as Alternative Hatching Egg Disinfectant versus Formaldehyde Fumigation in Quails (Corturnix corturnix japonica) Eggs. Revue Méd. Vét. 2003, 154, 5, p. 367-370.

Befürchtet man Krankheitskeime auf der Eioberfläche können diese in einem Oreganoextrakt-Bad vor der Brut desinfiziert werden.

So geht's:

Wir benötigen wasserlösliches Oreganoextrakt, das als Futter und Trinkwasserergänzungsmittel für die Darmgesundheit verkauft wird. Die Zulassung als Desinfektionsmittel wäre für die Firmen wirtschaftlich nicht darstellbar, da zu kostspielig für die geringen Mengen, die als Bruteidesinfektionsmittel verkauft werden würden.

Als Desinfektionsmittel benötigen wir eine Konzentration, die mindestens 0,3 %, besser noch 0,5 %, an Oreganoextrat enthält. Auf den Oreganoextrakt-Produkten ist die Konzentration der dicken Lösung angegeben. Oft sind es 2 % oder 10 %. Bei 10 % lesen wir „Zusatzstoffe pro 1 kg: 100.000 mg Oreganoextrakt/Öl". 100.000 mg sind 100 g und 100 g auf 1 kg sind 10 %. Um aus dieser Ausgangslösung eine 0,5-%-Lösung zur Brutei-Desinfektion zu erstellen, nehmen wir 50 ml der dicken Lösung und füllen sie mit warmem Wasser auf 1 Liter auf. Bei einer 2-%-Ausgangslösung benötigen wir die fünffache Menge an dicker Lösung, also 250 ml. Diese füllen wir auf 1 Liter auf.

Diese Mischung setzen wir uns in einer Schale an, in die wir nacheinander unsere Bruteier vor der Einlage in den Brutkasten eintauchen. Die Flüssigkeit sollte etwa so warm wie die Bruteier sein, damit sich beim Eintauchen der Eier das Eiinnere nicht zusammenzieht oder ausdehnt. Bitte immer von einer „möglicherweise keimbelasteten" zu einer „sauberen, bereits desinfizierten“ Seite arbeiten. Die Eier für einige Sekunden in die Mischung komplett eintauchen und auf die saubere Seite zum Trocknen legen. Während dieser Zeit findet die Desinfektion statt. Also nicht die Oreganoflüssigkeit abreiben. Der Vorgang darf ein weiteres Mal wiederholt werden, sobald die Eier getrocknet sind. Wenn die Eier nach spätestens einer Stunde wieder trocken sind, dürfen sie in den Brutkasten, und der hoffentlich gesunde Start ins Leben beginnt.

Mein Video-Tipp: Tutorial: Bruteier desinfizieren, biologisch & hochwirksam

https://youtu.be/oEHkMAbhcU8

Die Ausrüstung, die zu einer erfolgreichen Brut notwendig ist, besteht aus einem Brutgerät, einer Schierlampe und einer zusätzlichen Temperatur- und Luftfeuchtigkeitsüberwachung. Ein gutes Brutgerät kostet meiner Einschätzung nach neu ab 200 Euro, eine gute Schierlampe gibt es für etwa 20 Euro, ein WLAN/WiFi-Thermo-/Hygrometer kostet circa 20 Euro. Schließt man sich einem Rassegeflügelzuchtverein an, so besteht sicher die Chance, einen Brutkasten auszuleihen oder dass jemand die Wachteln mit ausbrütet. Die Brutkästen der Hühnerzüchter sind nämlich hauptsächlich nur im späten Winter und Frühjahr in Betrieb und den Rest des Jahres frei und ungenutzt.

Der Schlupftag

Das Schlupf-Happening steht an! Etwa drei Tage vor dem prognostizierten Schlupftag unserer Küken haben wir den Brutkasten für die Schlupfbrut umgebaut. Die Luftfeuchtigkeit wurde mit zusätzlichen Wasserschälchen erhöht. Wachtelküken sind schon nach wenigen

Schlupftag +1: Viele gelb-wildfarbene Küken, links ein Schwarzes und in der Mitte ein Weißes, sind schon geschlüpft und flauschig getrocknet. Sie sind bereit zum Übersetzen ins Kükenheim. Die bunten Ringe verhindern, dass bereits geschlüpfte Küken andere „angepickte" Eier anrempeln und drehen, was zum Tod der Küken im Ei führen kann. Diese Ringe vertreibt derzeit mein Youtube-Kollege „Der Pusztafuchs" Nico Sebök.

Stunden neugierig und flink auf den Beinen. Geben wir ihnen fahrlässig auch nur den Hauch einer Chance, tödlich zu verunglücken, dann wird uns mindestens ein Küken mit seinem Ableben darauf aufmerksam machen. Die Wasserschälchen im Brutkasten sind eine Option, um darin zu ertrinken. Ich stecke daher Schwämme in die Schälchen oder platziere die Schälchen unerreichbar hinter einer Barriere oder unterhalb vom Schlupfboden.

Die Küken schlüpfen gerne in Schüben von kleinen Gruppen, oft sind schon zwei oder drei in der Nacht zum Schlupftag da. Morgens, mittags oder abends kommen irgendwann die nächsten und dann passiert stundenlang wieder nichts. Das Schlupfereignis der gesamten Brut zieht sich oft über 48 Stunden hinweg. Das einzelne Wachtelküken schlüpft meist innerhalb weniger Stunden; Sprinter schaffen es in unter 30 Minuten und Phlegmatikerküken lassen sich auch mal 36 Stunden Zeit. Sobald die ersten Eier vor dem Schlupf die ersten Öffnungen (Eier sind „angepickt") zeigen, sollte der Brutkasten konsequent geschlossen bleiben.

Der Schlupf beginnt: Das Ei ist oben im stumpfen Ende aufgedrückt.

Ein nicht zwingend notwendiges Öffnen bringt das Brutklima, vor allem die relative Luftfeuchtigkeit, vollkommen durcheinander und erschwert den gesunden Schlupf der Küken. Frisch geschlüpfte Küken können ohne Probleme bis zu 36 Stunden im geschlossenen Brutkasten verbleiben. Ich öffne daher meistens erst am Morgen nach dem Schlupftag das erste Mal den Brutkasten und entnehme alle getrockneten und flauschigen Küken und setze sie in das zuvor vorbereitete Kükenheim. Um für die Nachzügler den Schlupf weiter gut zu ermöglichen, sprühe ich mit einem Zerstäuber etwas Wasser in den Brutkasten, bevor ich ihn wieder schließe.

An Tag zwei nach dem Schlupftag sind manchmal noch wenige weitere Küken im Brutkasten. Nicht aus jedem befruchteten Ei schlüpft ein Küken. Das ist leider normal. Kurz vor dem Schlupf sollte das Luft-Lungen-Atmungssystem des Kükens aktiviert und funktionstüchtig sein. Das ist ein kritischer Schritt. Gelingt dies nicht, so findet man später, wenn der Brutkasten etwa zwei Tage nach dem erwarteten Schlupf abgeschaltet wird, scheinbar voll entwickelte Küken tot im Ei. Sofern man sich traut, kann man die nicht geschlüpften Eier aufmachen, um zu schauen, ob sie unbefruchtet oder in welchem Entwicklungsstadium sie abgestorben sind. Eventuell ergeben sich Hinweise, wie die nächste Brut optimiert werden kann. Auch sind manche Küken im Ei nach dem Aufdrücken der ersten Öffnung nicht

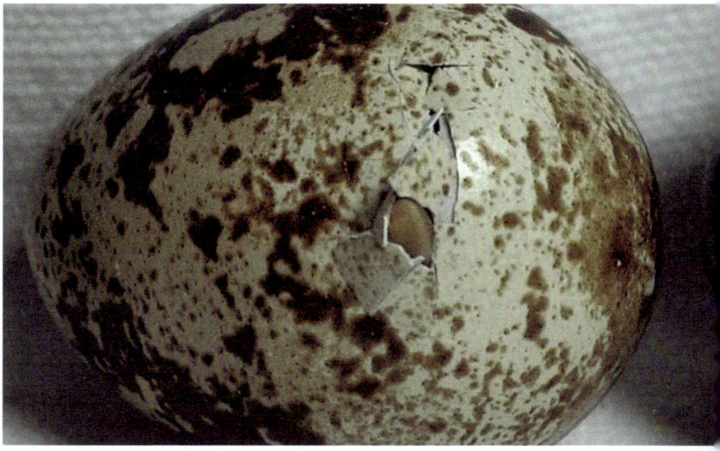

Zehn Minuten nach dem ersten „Anpicken“: Dieses Küken arbeitet schnell und hart: Es dreht sich immer ein Stückchen weiter, um mit dem Schnabel einen Kranz zu öffnen, bis es den Deckel aufdrücken kann. Hier sehen wir den Schnabel in der Bildmitte.

kräftig genug, um den Deckel aufzumachen und selbst zu schlüpfen. An Schlupftag +2 steht man oft vor der Entscheidung: den Brutkasten ausschalten und die letzten Eier ungesichtet entsorgen? Den Brutkasten einen weiteren Tag laufen lassen? Die letzten Eier vorsichtig öffnen und schauen, ob Geburtshilfe erfolgreich sein könnte? Eier, die zu dem späten Zeitpunkt nicht angepickt sind, enthalten zu 99 % kein Leben. Um dies zu überprüfen, kann man sie durchleuchten und beobachten, dass sich im Ei nichts bewegt. Auch ist es möglich, so ein Ei in eine Wasserschüssel zu legen und zu schauen, ob es, wie der Schwimmer beim Angeln, ganz leichte Eigenbewegungen gibt. Bei den Eiern, die bereits angepickt sind, sieht man sofort, ob durch die Spitze des Schnabels noch geatmet wird oder nicht.

Es hat immer einen Grund, wenn ein Küken nicht selbstständig den Deckel aufmacht und schlüpft. Geschätzt zu 95 % sind sie nicht lange lebensfähig und werden in den ersten Tagen verenden oder müssen sogar „erlöst“ (vom Menschen getötet) werden, um ein Fortdauern der Qualen zu vermeiden. Hingegen kann es auch passieren, dass das schlüpfende Küken aufgrund unseres Tuns zu schwach ist, um selbstständig zu schlüpfen. Vielleicht war das Brutei schon recht alt oder die Brutparameter suboptimal, das Ei wurde von schon geschlüpften Küken „über den Haufen gelaufen“ oder der Brutkasten wurde im Schlupf geöffnet und die innere Eihaut wurde dadurch zäh und undurchdringlich. Vermutet man so einen Fall, kann durch ein ganz vorsichtiges Öffnen des Deckels beim Start ins Leben geholfen werden. Wenn, dann bitte erst spät eingreifen. Kurz vor dem Schlupf werden der restliche Dottersack und die Äderchen, die wir beim Durchleuchten noch hinter der Schale sehen konnten, über den Bauchnabel eingesaugt. Wird ein Ei zu früh per Hand geöffnet und das Küken war noch nicht bereit, so zerreißen wir mit dem Zerbrechen der Eischale die Adern. Das Küken verblutet. Als jemand, der auch schon mal einem Küken aus dem Ei geholfen hat, gestehe ich, dass es mutmaßlich einfacher wäre, konsequent nicht zu helfen. Ganz oft sind diese Küken diejenigen mit verkrüppelten Beinen, die das Futter nicht umsetzen können und in den nächsten Tagen langsam verhungern, Durchfall haben und kümmern oder kurze Zeit später einen verdrehten Schiefhals zeigen und nur noch rückwärtslaufen, bevor sie von den anderen neugierigen Küken gemobbt werden und sterben. Die Gewissensbisse an den Folgetagen während der Aufzucht und die Entscheidung, ob und wann das Küken zu erlösen ist, rauben dann die Freude an den vielen gesunden Küken. In der Gewissheit, dass sich kaum jemand daran halten wird (eventuell nicht mal ich selbst), möchte ich dringend empfehlen, Küken, die nicht selbstständig schlüpfen, nicht aus dem Ei zu pulen. Verlängertes Leiden kann vermieden werden.

Diese Kleintierkäfige eignen sich gut als Kükenheim. In den ersten Tagen können hier bis zu zwanzig Wachtelküken wachsen. Später besser nur noch bis zu zwölf Jungtiere.

Eine Bordüre aus stabilem Papier hindert diese Küken daran, durch die unteren Gitterstäbe auf die sonnige Fensterbank zu springen.

Braun-wildfarbene Küken auf dem Unterteller vom Futterbehälter. Schon nach einem Tag haben sie viel Futter in das Einstreu geworfen.

Das **Kükenheim** ist der kleine Stall, in dem die Wachtelküken großgezogen werden. Folgende fünf Funktionen sind dabei zwingend zu erfüllen: Futter, Wasser, Wärme, Licht und Sicherheit.

Verschiedene Behältnisse kommen infrage. Ein großer Pappkarton kann einmalig genutzt werden, genauso wie gekaufte oder selbstgebaute Kükenheime, umgewidmete Kleintierkäfige mit Plastikwanne und Gitteroberteil oder ein leeres Aquarium mit Gitterabdeckung. Bei den umgewidmeten Kleintierkäfigen für Kaninchen und Meerschweinchen sind die Gitterabstände oft so groß, dass die

Wachtelküken im Alter von wenigen Tagen schon fit genug sind, um 10 cm hoch zu springen, aber noch klein genug sind, dass sie durch diese Gitterstäbe rutschen können. Das Problem lässt sich lösen, indem aus Papier, Pappe oder Frischhaltefolie eine Bordüre um die untersten Gitterstäbe gelegt wird. Etwas teurer, dafür aber mit engen Gitterstäben sind Kleintierheime für Hamster. Sollte eine Katze mit im Haushalt leben, darf diese nicht unbeaufsichtigt im Zimmer mit dem Kükenheim sein. Sie könnte durch die Gitterstäbe nach den Küken angeln und diese verletzen und traumatisieren.

Im Kükenheim finden die Küken ihr Futter, das Wasser und eine Wärmequelle. Das Kükenfutter wurde bereits im Kapitel zur Ernährung ausführlich besprochen. Das Wichtigste ist der gegenüber Hühnerkükenfutter deutlich erhöhte Proteinbedarf von 26 bis 28 % beim **Wachtelkükenfutter** und eine so kleine Körnungsform, dass die nur circa 8 g schweren Wachtelküken das Futter auch schlucken können. Als Futterbehälter bieten sich Futterspender an; für die allerersten Tage kann das Oberteil abgenommen werden, sodass die ganz frischen

Eine gut geeignete Wachtelkükentränke: Die Rinne ist so eng, dass die Küken nicht ausversehen darin ertrinken können.

Küken sicher auf dem flachen Unterteller ihr Futter finden und mit dem Fressen starten.

Die Wasserbehälter sollten mit **Trinkwasser** befüllt sein. Tränknäpfe und Wasserschälchen stellen eine große Lebensgefahr dar und würden auch sehr schnell verschmutzen. Kieselsteine hineinzulegen als Anti-Ertrinkungs-Schutz ist eine Notlösung. Viel besser sind Wachtelküken-Stülptränken mit einer schmalen Trinkrinne (ca. 1,2 cm breit). Diese sind sehr zu empfehlen, da sie zu schmal sind, als dass Wachtelküken darin ertrinken könnten.

Wachtelküken sind so neugierig, dass sie auch angeboren ganz von selbst mit dem Fressen und Trinken beginnen. Es spricht aber auch nichts dagegen, mit dem Zeigefinger in das Futter oder die Trinkrinne zu picken. Meist kommen die mutigen Küken sofort angelaufen, machen die Pickbewegung nach und fressen und trinken. Ein paar Küken erholen sich noch schlafend unter der Wärmequelle vom anstrengenden Schlupf.

Bei der künstlichen Kükenaufzucht kommen als **Wärmequelle** entweder Wärmestrahler oder Wärmeplatten infrage. Wärmestrahler strahlen in der Variante Dunkelstrahler nur Wärme ab. In der Variante Rotlichtwärmelampe geben sie gleichzeitig auch etwas Licht ab.

Der Blick unter die Wärmeplatte am ersten Lebenstag. Später werden die Küken gerne auch auf die Platte springen. Als Kotschutz habe ich ein Stück Karton zugeschnitten und aufgelegt.

Wärmeplatten decken nur einen kleineren Bereich ab, bieten den Küken aber mehr Geborgenheit, da sie wie unter einer Glucke gleichzeitig Wärme und Deckung finden. Jeweils über die Aufhängehöhe der Lampe oder das Ausfahren der Beine bei der Wärmeplatte kann die Temperatur für die Küken geregelt werden. Mit zunehmendem Alter wird schnell immer weniger Wärme von außen benötigt. Sobald das erste Federkleid voll ausgebildet ist (nach circa zwei bis drei Wochen), wird bei Raumtemperatur gar keine zusätzliche Wärme mehr benötigt. Die Küken zeigen durch ihr Verhalten sehr eindringlich an, ob die Temperatur für sie in Ordnung ist: Quetschen sie sich in einem Haufen eng aneinander und fiepen dabei eventuell noch um Hilfe, so ist es zu kalt. Meiden sie den Bereich unter der Wärmequelle völlig, so ist es dort zu heiß. Kuscheln sie mehr oder weniger locker unter der Wärmequelle, ist alles perfekt. In Zahlen sind es 36 °C am ersten Lebenstag und dann jeden Tag etwa 1 °C weniger, sodass nach etwa 16 Tagen die 20 °C Raumtemperatur erreicht und dann gehalten werden. In den Sommermonaten dürfen dann mit drei bis vier Wochen die voll befiederten Jungtiere auch schon in einen Stall oder eine Voliere umziehen. Wird es nachts noch unter 10 °C, sollten die Tiere besser schon sechs Wochen alt sein, bevor sie nach draußen ziehen.

Ich nutze bislang nur Wärmeplatten; die Rotlichtwärmestrahler bieten aber, gerade für Wachtelküken, auch zwei große Vorteile. Es lässt sich sofort sehen, ob Wärme abgegeben wird und noch wichtiger: **Wachtelküken sollten in den ersten Tagen auch nachts ein wenig Licht haben**, damit sie im Kükenheim unter die Wärmequelle finden. Wachtelkükenanfängern sind selbst bei Raumtemperatur schon Küken nachts ausgekühlt und gestorben, weil sie bei Dunkelheit nicht zur Wärmequelle gefunden haben. Ein schwaches Nachtlicht oder eben das Rotlicht der Wärmelampe reichen aus, damit so ein Malheur nicht passiert.

Viele Vögel können ultraviolettes Licht sehen. Daher gibt es die Idee, dass Wachtelküken von einer speziellen UV-Bird-Lamp profitieren könnten. Forscher an der Universität Bristol haben den möglichen Einfluss von UV-Licht bei der Aufzucht von Japanischen Wachteln untersucht: Es konnte keinerlei Einfluss auf das Wohlbefinden der

Wachtelküken festgestellt werden.[13] Der Kauf einer UV-Lampe ist also nicht notwendig.

Wachtelküken ohne erziehende Glucke sind so neugierig, dass sie alles, was möglich ist, in sich hineinfressen. Daher kann es bei ungeeigneter **Einstreu** im Kükenheim zu großen Verlusten kommen, wenn die Küken sich mit Einstreumaterial vollfressen und dann mit vollem Bauch verhungern. Es gibt zwei Optionen, die ab dem ersten Lebenstag sehr gut funktionieren. **Buchenholzgranulat** (abgerundete kleine Holzhackschnitzel) in einer ausreichend groben Körnung, sodass es nicht gefressen werden kann. Das sind circa 0,5 bis 2 cm grobe Holzstückchen, gut zu sehen auf den vorangegangenen Fotos.

Holzhackschnitzel können sehr gut Gerüche binden und der Kot der Küken wird durch die Bewegungen in die Granulatschicht eingearbeitet. Je nach Besatzdichte ist ein Ausmisten erst nach ein paar Wochen notwendig. Ausgelegtes **Küchenkrepp** ist eine weitere gute Option. Auch hier finden die Füße der Wachtelküken gut Halt und rutschen nicht weg. Anders wäre es auf glattem Zeitungspapier, das zu vermehrten Spreizbeinen führen kann. Das Küchenkrepp ist spätestens nach einem Tag schon sehr verdreckt und muss erneuert werden, oder eine frische Schicht Küchenkrepp wird darüber ausgebreitet. Ansonsten fängt es schnell an zu stinken. An den Krallenspitzen der Kükenzehen können sich auch feste Kotbällchen bilden, die dann nur noch eingeweicht vorsichtig entfernt werden können. Wird versucht, rabiat ein trockenes Kotbällchen abzuknibbeln, so kann dabei aus Versehen eine Kralle ausgerissen werden. Auf Buchenhack habe ich das bei meinen vielen Wachtelküken noch nie beobachtet.

Wenn die Wachtelküken ganz sicher wissen, was ihr Futter ist, kann im Alter von circa zehn Tagen auch von Küchenkrepp auf andere Einstreu umgestellt werden. Das kann Sand, Strohpellets, Sägespäne oder Ähnliches sein. Sägespäne werden häufig für Kleintiere genutzt, sind aber meiner Einschätzung nach für Küken relativ ungeeignet. Sägespäne können pro Volumen nur relativ wenig Feuchtigkeit

---

[13] Smith E, Greenwood V, Goldsmith A, Cuthill I. Effect of supplementary ultraviolet lighting on the behaviour and corticosterone levels of Japanese quail chicks. In: *Animal Welfare.* 2005; 14(2): 103–109. doi:10.1017/S0962728600029092

Festsitzende Kotbällchen an den Krallen von einem Hühnerküken.

Der selbstgebaute Sandbad-Badeturm wird von den Jungtieren gerne genutzt.

aufnehmen; sie sind so leicht, dass sie von den Küken beim Scharren und Sandbaden aus dem Kükenheim herausgeworfen werden. Ich konnte bei einem Vergleichstest bei den Küken auf Sägespänen auch einige mit Kotballen an den Krallenspitzen dokumentieren. Mein ganz klarer Favorit als Kükeneinstreu ab dem ersten Lebenstag ist daher das Holzgranulat.

Ab etwa zwei bis drei Wochen sollte den Küken auch eine Ecke oder ein Behälter mit Sand als Sandbad und Grit angeboten werden. Strukturelemente wie kurze Holzscheite, dicke Äste und Verstecke zum Darüber- und Drumherumlaufen dürfen nach Belieben angeboten werden.

Um einzuschätzen, wie teuer eine eigene Kükenaufzucht für etwa zehn Wachteln wäre, möchte ich hier eine Kostenübersicht auf dem Stand 2025 geben. Einiges davon kann für viele Jahre wiederverwendet werden, anderes ist Verbrauchsmaterial. Vielleicht ist aber schon etwas davon vorhanden, kann gebraucht gekauft oder ausgeliehen werden. Wie in der Tabelle ersichtlich, belaufen sich die einmaligen Kosten auf gut 100 Euro und das Verbrauchsmaterial für die Aufzucht von zehn Wachtelküken auf etwa 36 Euro.

Einmalige Kosten	Euro	Verbrauchsmaterial	Euro
Kükenheim Kleintierkäfig	45	Einstreu Buchenholz-Granulat	10
Wärmeplatte 25 × 25 cm, 15 Watt	37	Wachtelkükenfutter	20
Futter- und Wasserspender	20	Wasser aus der Leitung	vernachlässigbar günstig
Nachtlicht	4	Sand und Grit	3
		Strom für die Wärmeplatte[14]	2,6
		Strom für das Nachtlicht	vernachlässigbar günstig
Summe	**106**	**Summe**	**36**

Selbst Wachtelküken ausbrüten und großziehen ist ein ganz wunderbares Unterfangen mit vielen Höhepunkten und auch einigen möglichen Tiefpunkten. Bevor dieses Abenteuer gestartet wird, möchte ich noch bitten, einen Gedankengang zu vollziehen: Bei Vögeln ist, genau wie bei Säugetieren, zum Zeitpunkt der Befruchtung das Geschlecht des werdenden Lebewesens **genetisch festgelegt**. Die Bruttemperatur oder die Eiform, wie zum Teil propagiert, hat KEINERLEI Einfluss auf die Geschlechtsverteilung bei Vögeln. Es ist ähnlich wie bei einem Münzwurf eine Chance von 50 : 50, ob das Küken ein Wachtelhahn

[14] Strom für die Wärmeplatte: 15 Watt × 3 Wochen (= 504 Stunden) sind 7,5 kWh; Bei 35 Cent pro kWh ergeben sich Stromkosten von 2,6 Euro.

oder eine Wachtelhenne werden wird. Wie im Kapitel zum Verhalten beschrieben, ist es fast unmöglich, mehrere Wachtelhähne gemeinsam und friedlich zu halten. Es wird also eine Exit-Strategie für die Wachtelhähne benötigt, die im Alter von etwa sechs bis acht Wochen beginnen problematisch zu werden. Ein möglicher Verkauf oder eine Schenkung in ein schlachtfreies neues Zuhause ist leider nur extrem selten möglich. Ein Verschenken für die Küche oder als Futtertiere für Greifvögel, Barfen oder größere Reptilien, das Abgeben und Wiederabholen bei einer Lohnschlachterei (Kosten circa 6–12 Euro pro Wachtelhahn) oder das selber Küchenfertigmachen sind die Optionen, die ich in den Raum stellen kann. Ein Aussetzen der jungen Wachtelhähne im Wald wäre Tierquälerei und ist verboten.

Im Kapitel 7 „Farbvarianten, Zucht und Genetik" haben wir an den unterschiedlichen Zeichnungsmustern bei den Fotos der Hähne und

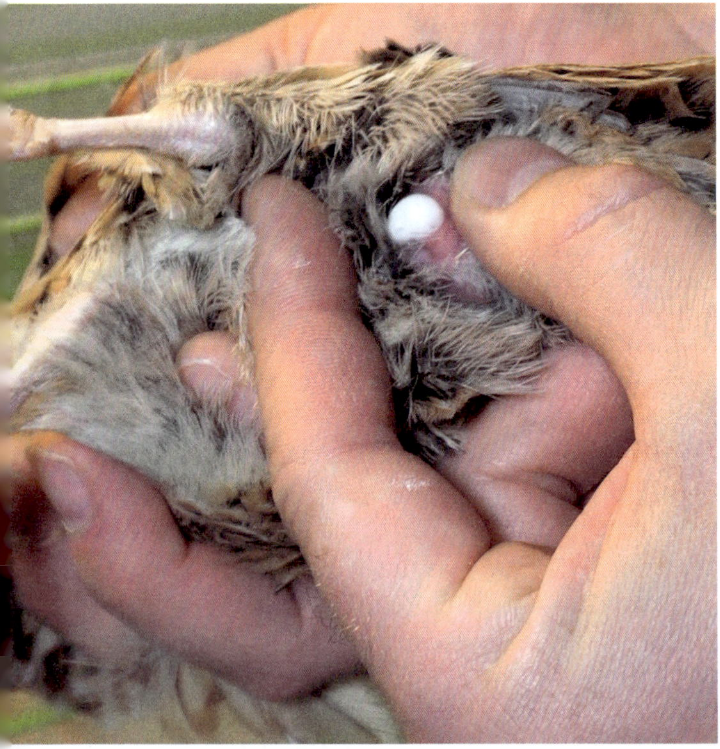

Geschlechtsbestimmung über die Kloake: Beim Wachtelhahn fällt sofort die weintraubengroße und etwas aufgeblähte Schaumdrüse hinter der Kloake auf. Bei leichtem Druck auf diese Drüse strömt weißer Schaum aus der Kloake.

Hennen bei allen Farbschlägen, die auf Wildfarben zurückgehen, gelernt, eindeutig und einfach das Geschlecht zu unterscheiden. Bereits bei den befiederten Jungtieren ab wenigen Wochen kann man zuerst schon erahnen und im Verlauf immer sicherer sehen, welches Tier männlich und welches weiblich ist. Kurz: Die Hennen haben dunkle Flocken auf der Brust, die Hähne nicht (es gibt Ausnahmen, wenn ohne Standardanspruch nur vermehrt wurde und auch bei besonderen, seltenen Farbvarianten).

Bei den einfarbigen Farbvarianten und bei den musterverändernden Sparkley-Überschreibungen funktioniert das leider nicht. Hier kann ab fünf bis sechs Wochen auf die Beobachtung eines Wachtelschlags (Krähruf des Wachtelhahns) oder ein Treten (Besteigen zum Befruchten) gehofft werden, um das Tier als Hahn zu identifizieren. Das Tier, das bestiegen wird, ist leider nicht sicher eine Wachtelhenne. Die Wachtelhähne sind derart hormongesteuert, dass sie sich auch gegenseitig besteigen. Sobald die Geschlechtsreife voll entwickelt ist, lässt sich das Geschlecht auch recht einfach und sicher mit einem

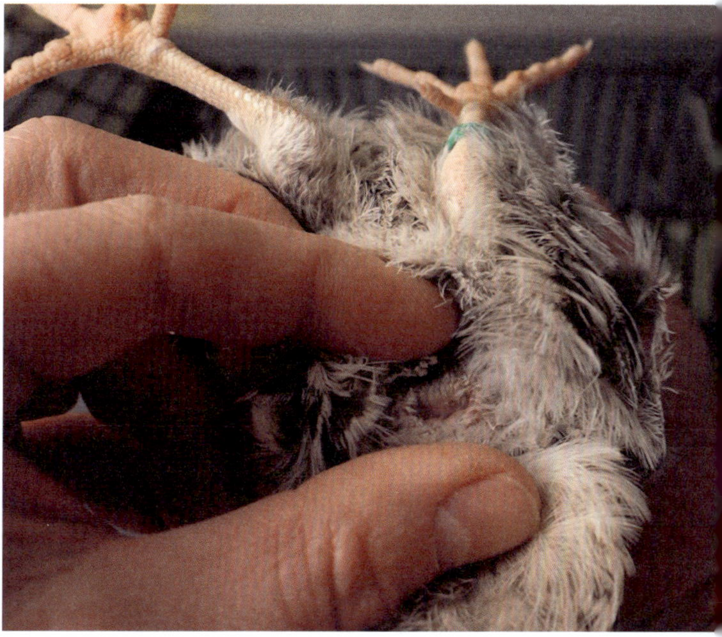

Geschlechtsbestimmung über die Kloake: Bei der Wachtelhenne liegt die Kloake recht gut zwischen Federn versteckt. Die Legehöcker, das sind zwei Knochenenden, sind links und rechts neben der Kloake zu ertasten. Bei legenden Hennen sind diese so weit auseinander, dass ein Wachtelei dazwischen durchpassen kann.

Blick auf die Kloake erkennen. Dazu dreht man die Wachtel in der Hand um und versucht mit den Fingern der freien Hand in den Afterfedern die Kloake sichtbar zu machen. Bei den Hennen liegt die Kloake eher versteckt, bei den Hähnen springt sie einem förmlich ins Gesicht. Die Wachtelhähne haben zudem zwischen Kloake und Schwanz eine Schaumdrüse, die zuweilen weintraubengroß ist und etwas rotgeschwollen wirken kann. In dieser Drüse wird Schaum produziert, der mit dem Sperma beim Treten zum einen die Befruchtung unterstützen und zum anderen das Eindringen von Sperma von einem anderen Hahn kurz später verhindern soll. Bei leichtem Fingerdruck auf diese Drüse strömt weißer Schaum hervor: Das ist dann ganz sicher ein Wachtelhahn. Wenn der Hahn kurz vorher getreten hat, kann die Drüse leer sein. Ebenso bei einem rangniedrigen Hahn kann diese Drüse deutlich kleiner sein. Mit ein wenig Übung, z. B. an bereits über die Gefiederzeichnung bestimmten Tieren, bekommt man auch mit dem Kloakentest sehr schnell Sicherheit.

Sofern es die Kapazitäten zulassen, können unklare Kandidaten auch separiert werden. Die einzelnen Hähne werden vermutlich einsam mit ihrem Wachtelschlag-Krähruf versuchen, die Truppe zusammenzurufen. Auch die Hennen werden vermutlich einsam ein wenig rufen, aber nicht krähen. Falls sie schon Eier legen, wird bald ein Ei mit im Käfig liegen.

Apropos Eier: Im folgenden Kapitel widmen wir uns ausführlich dem Thema Wachteleier. Superspannend, welche Heilwirkungen den Wachteleiern nachgesagt werden.

Bevor wir aber ins nächste Kapitel wechseln, wollen wir uns in Vorfreude auf eigene Küken hier eine Foto-Wachstumsserie von einem meiner Küken ansehen. Über Wochen haben mein Sohn und ich zusammen jeden Abend immer dasselbe Küken fotografiert. Schaut mal, ab welchem Tag ihr schon deutlich Brustflocken erkennt. Diese haben uns früh verraten, dass es eine Henne ist.

g 0 Schlupf
Tag 0 flauschig
g 1
Tag 2
g 3
Tag 4
g 5
Tag 6

Tag 7

Tag 8

Tag 9

Tag 10

Tag 11

Tag 12

Tag 13

Tag 14

15

Tag 16

17

Tag 18

19

Tag 20

21

Tag 22

Woche 4

Woche 6

Woche 6 plus 2 Tage

Woche 8

Woche 8

Woche 8

10

Wachteleier

Wachteleier sind kleine Kunstwerke – fast zu schade, um sie zu essen. Eine gesunde Wachtelhenne kann im ersten Legejahr zwischen 200 und 300 Eier legen. Dabei ist jedes Ei einzigartig und gleichzeitig in der Zeichnungsart markant und spezifisch für die einzelne Henne. Somit lassen sich in einer kleinen Gruppe die Eier optisch jeweils einer bestimmten Henne zuordnen.

Genetisch gibt es als Grundton der Eierschale aus Kalk diese Typen: beige, leicht rötliche, weiße und bläuliche Eierschalen. Nach der chinesischen jadegrünen Keramik nennt man die blaulegenden Wachteln Celadon. Im Uterus werden noch Flecken als Pigment auf die Kalkschale aufgetragen. Diese Flecken variieren in ihrer Größe, Form und Intensität stark; sie können von einem zarten Rotbraun bis hin

Diese Eier sind eine Serie von nur einer bestimmten Wachtelhenne. Jedes einzigartig und doch ähnlich.

Gekochte Wachteleier auf dem Esstisch besitzen bei uns nur eine Halbwertszeit von weniger als sechs Stunden.

zu einem Schwarz reichen. Celadon-Eier haben keine Flecken, manchmal aber Pünktchen.

Wachteleier sind mit 9 bis 17 g deutlich kleiner als Hühnereier mit etwa 55 g. Das Normalgewicht eines Wachteleies beträgt 12 g. Wachteleier schmecken kräftiger, etwas würziger und cremiger als Hühnereier. Das liegt zum Teil am höheren Eidotteranteil gegenüber dem Eiklar.

Die Hauptkomponenten eines Eies sind die Eierschale, das Eiklar und der Eidotter. In der Skizze zum Aufbau eines Eies sehen wir innen den Eidotter, auf dem die Keimscheibe sitzt (ca. 1 mm groß).

Wenn man Spiegeleier macht, kann man bei genauer Betrachtung diese kleine helle Scheibe oben auf dem Dotter erkennen. Mit etwas Vergrößerung (z. B. mit einer Lupe oder der Handykamera) lässt sich

Das Ei von der Bielefelder Henne wiegt 55 g. Die vier Wachteleier daneben zusammen ebenfalls 55 g. Summe 110 g.

feststellen, ob das Ei befruchtet ist oder nicht. Bei einem befruchteten Ei hat die erste Zellteilung bereits im warmen Eileiter der Henne begonnen. Die Keimscheibe hat sich zu einer Blastula entwickelt und erscheint dann kreisrund, oft mit einem Punkt in der Mitte, ähnlich einem „Bullauge". Eine unbefruchtete Keimscheibe sieht dagegen eher wie ein ausgefranster Klecks aus.

Der Eidotter wird von zwei aufgezwirbelten Hagelschnüren in der Mitte des Eies gehalten. Diese Hagelschnüre erkennt man bei genauer

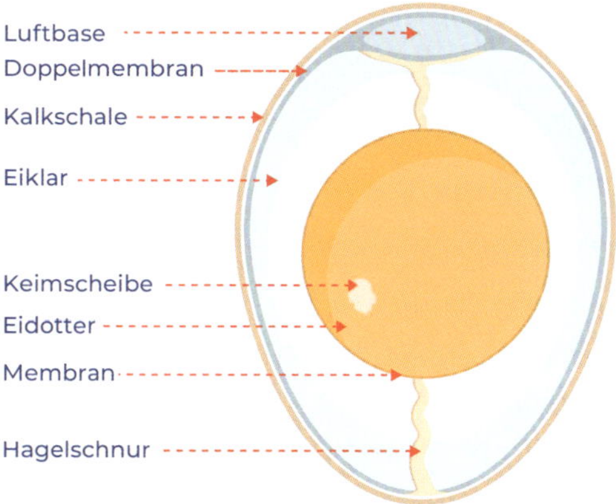

Der schematische Aufbau eines Wachtels. Quelle: Verändert nach © Li Artis/Shutterstock.com.

Das Ei ist befruchtet. Schon mit dem Auge erkennen wir die kreisrunde Blastula oben auf dem Eidotter.

Das Ei ist unbefruchtet. Die Keimscheibe auf dem Eidotter ist unförmig und ausgefranst.

Betrachtung eines aufgeschlagenen Eies als helle Anhängsel am Dotter. Der Raum zwischen Dotter und Eischale ist mit Eiklar gefüllt, das beim Kochen zu Eiweiß wird. Zwischen dem Eiklar und der Eischale befindet sich eine Doppelmembran, die sich am stumpfen Ende voneinander löst und dort die Luftkammer bildet. In der Eierschale befinden sich bis zu 10.000 Poren, die für den Luftaustausch sorgen. Außen auf der Eischale liegt noch ein hauchdünnes Oberhäutchen, die Kutikula, die vor Keimen schützt. Diese Schutzschicht hält jedoch nur wenige Tage, bevor sie sich langsam auflöst. Reibt man Schmutz von einem Ei oder wäscht es, zerstört man diese zusätzliche Schutzschicht sofort.

Die **Farbe des Eidotters** hängt von der Fütterung ab. Wenn viele Karotinoide (natürliche Farbstoffe, z. B. in Möhren und Mais) verfüttert werden, wird der Dotter kräftig orange. Bei weniger Karotinoiden ist der Dotter eher gelblich.

Ein grün-grau verfärbter Rand um den Dotter bei hartgekochten Eiern ist kein Anzeichen für ein altes Ei. Dieser Ring entsteht bei langem Kochen und ist das Resultat einer chemischen Reaktion zwischen dem Eisen im Eigelb und dem Schwefel im Eiklar. Dabei entsteht Eisensulfid, das den Dotter grünlich färbt. Die Qualität des Eies wird dadurch nicht beeinträchtigt.

Um herauszufinden, ob ein Ei gekocht oder roh ist, kann man den **Kreiseltest** durchführen: Das Ei wird liegend in Rotation versetzt. Ein gekochtes Ei dreht sich lange wie ein Kreisel, während ein rohes Ei kurz schlackert, zur Seite driftet und dann schnell zum Stehen kommt.

Wachteleier können für die Küche sehr ähnlich genutzt werden wie Hühnereier. Sie können gekocht, gebraten, pochiert, in Gerichte eingearbeitet oder eingelegt werden.

Nach nur 100 Sekunden ist ein Wachtelei mit noch flüssigem Eigelb weichgekocht, wachsweiche Eier mit halbflüssigem Eigelb werden 2 bis 2,5 Minuten gekocht und über 3 Minuten Kochzeit ergibt ein hartgekochtes Wachtelei. Wachteleier brauchen vor dem Kochen nicht angepiekst zu werden; sie platzen normalerweise nicht beim Kochen. Nach dem Kochen empfiehlt es sich, die Eier in möglichst kaltem Wasser kurz abzuschrecken. Das erleichtert das Pellen. Bei sehr frischen Wachteleiern klebt das Eiinnere nach dem Kochen innen oft an der Schale fest. Bei Wachteleiern, die bereits fünf Tage oder länger gelagert wurden, tritt das nicht mehr auf.

Gewusst wie, ist **Wachteleier schälen** sehr leicht: Das gekochte Wachtelei wird auf die Tischplatte geditscht und dann mit der offenen

Handfläche mit leichtem Druck hin- und hergerollt, bis die gesamte Eischale mit leichten Frakturen versehen ist. Dann im stumpfen Ende zusammen in die Eischale und die innere Eihaut kneifen und eine Öffnung schaffen. Nun lässt sich die gebrochene Eischale an der Eihaut spiralförmig komplett in einem Stück vom Wachtelei abziehen.

Hier zeige ich, wie man die Wachteleier sauber pellen kann:

https://youtube.com/shorts/oFIAL1RsXiQ

Gekochte Wachteleier sind bei Zimmertemperatur nur etwa drei Tage lang richtig lecker, danach kann sich ein eigenartiger bis ungenießbarer Geschmack ausbilden. Gekühlt sind gekochte Wachteleier auch länger haltbar.

Frische Wachteleier sind mindestens genauso lange haltbar wie Hühnereier, eher noch länger. Also ungekühlt mindestens drei bis vier Wochen, gekühlt sogar bis zu acht Wochen. Während der Lagerung verliert ein Ei Feuchtigkeit aus dem Eiinneren an die Außenluft. Das geschieht über die vielen tausend Poren in der Eischale. Im Ei gibt es vom Start an im stumpfen Ende eine kleine Luftblase; diese wird mit der Lagerzeit immer größer. Ebenso wird das Gewicht durch den Feuchtigkeitsverlust geringer. Daher lässt sich mit einem Schwimmtest grob abschätzen, ob ein Wachtelei noch genießbar ist oder nicht (siehe Bild zum Frische-Schwimmtest).

Es kommt nämlich immer mal wieder vor, dass ein Wachtelei von den Tieren „aus Versehen" in der Einstreu vergraben wird. Wir finden es an dem Abend dann nicht. Erst viele Tage oder Wochen später kann so ein älteres Ei wieder „aus Versehen" ausgegraben werden. Wir sammeln es mit den frischen Eiern ein und lagern es wie gehabt, nur dass dieses Ei dann schon deutlich älter ist. Mit einem guten Gewichtsgefühl in der Hand bemerkt man zum Teil schon, dass dieses Ei deutlich

Alterstest im Wasserglas: Frische Eier liegen flach am Boden. Sehr alte Eier schwimmen oben. Etwas ältere Eier richten sich am Boden mit dem stumpfen Ende (da sitzt die Luftblase) nach oben hin auf.

leichter ist. Beim Frische-Schwimmtest gibt man die Wachteleier in eine Schüssel mit Wasser: Die frischen Eier gehen unter, die alten Eier schwimmen an der Wasseroberfläche.

Wachteleier als Naturheilmittel und Superfood

Wachteleier sind ein ganz besonderes und einzigartiges Lebensmittel. Schon von den Alten Ägyptern ist bekannt, dass sie Wachteleier und -fleisch als Nahrungsmittel sehr schätzten. Hildegard von Bingen beschreibt im 12. Jahrhundert, dass Wachteleier hilfreich für Gesunde sind, um die Gesundheit zu erhalten, und für Kranke, um wieder zu

Kräften zu kommen. („Wenn nichts mehr geht, wenn alle Kräfte darnieder liegen, hilft nur mehr das Wachtelei.“)

Wachteleier enthalten alles, was ein Küken für den Start ins Leben benötigt; unter anderem sind sie reich an Proteinen, essenziellen Aminosäuren (Histidin, Isoleucin, Leucin, Lysin, Methionin, Phenylalanin, Threonin, Tryptophan, Valin), Vitaminen (A, B1, B2, B3, B5, B6, B9 und B12, E, D, K) und biologisch notwendigen Elementen (Kalzium, Eisen, Kalium, Magnesium, Phosphor, Natrium, Zink, Kupfer, Selen). Diese Inhaltsstoffe machen Eier auch zu einem wertvollen Lebensmittel für uns Menschen.

Bei meiner Recherche dazu bin ich auf viele Dinge gestoßen, die für mich als Wissenschaftler zum Teil etwas zu gut klingen, um wahr zu sein. Zum Beispiel habe ich jede Quelle sofort verworfen, in der angeführt wurde, dass Wachteleier reich an Vitamin C seien. Wachteleier enthalten nämlich leider kein Vitamin C, und dadurch wurde offensichtlich, dass einfach nur möglichst viel Positives über Wachteleier aufgeführt werden sollte, egal ob wahr oder irreführend bis schlichtweg falsch. In dem Zusammenhang findet sich auch recht häufig die falsche Aussage, Wachteleier würden nur 15 % des Cholesterins eines Hühnereis enthalten. **Ein** Wachtelei hat weniger **Cholesterin** als **ein** Hühnerei. Das ist korrekt bezogen auf ein Ei, liegt aber daran, dass ein Wachtelei gewichtsmäßig nur etwa ein Fünftel von einem Hühnerei ausmacht. Bezogen auf dieselbe Gewichtseinheit, hier jetzt mg pro g Eigelb, hat ein Wachtelei 12,1 mg, ein Hühnerei 12,0 mg Cholesterin.[15]

Der Cholesterinwert im Eiklar ist vernachlässigbar gering. Zur Bewertung der Gesundheitsbeeinflussung von Lebensmitteln ist der Cholesterinwert als Summenparameter aus HDL (High-Density Lipoprotein) und LDL (Low-Density Lipoprotein) nicht besonders gut geeignet. Das oft als „schlechtes“ LDL-Cholesterin (Merkhilfe: Lass das lieber) wird zum Großteil vom Körper selbst in der Leber produziert und ist ein Bestandteil unseres normalen Fettstoffwechsels und wird

15 Bragagnolo, N.; D. B. Rodriguez-Amaya: Comparison of the cholesterol content of Brazilian chicken and quail eggs. In: *Journal of Food Composition and Analysis*, Bd. 16, H. 2 (2003), S. 147–153.

Leckere Wachtelspiegeleier. © Pixel-Shot / Shutterstock.com

in den Zellen für verschiedene Prozesse benötigt. Ein Zuviel an LDL ist aber ein Risikofaktor für Herz-Kreislauf-Erkrankungen, Schlaganfall und Arteriosklerose. Das „gute" HDL-Cholesterin (Merkhilfe: Hab dich lieb) transportiert überschüssiges Cholesterin aus den Zellen zur Leber, wo es abgebaut wird. Das hilft also maßgeblich dabei, die Bildung von schädlichen Ablagerungen in den Blutgefäßen zu verhindern, die zur Gefäßverkalkung führen können. Wachteleier enthalten viele mehrfach ungesättigte Fettsäuren, die das „schlechte" LDL-Cholesterin senken und das „gute" HDL-Cholesterin erhöhen können. In Fütterungs- und Trinkzusatzversuchen mit Legewachteln konnte belegt werden, dass eine Gabe von Probiotika und/oder Säuerungsmitteln im Trinkwasser den Cholesterinwert der Eier deutlich reduzieren und das Verhältnis von HDL und LDL zusätzlich hin zu mehr HDL verbessern konnte.[16 17]

---

16 Yulianto, M., et al.: Cholesterol, HDL, and LDL Content in Quail Egg Yolk with Probiotics and Acidifier Feeding. In: *Media Kedokteran Hewan*, Bd. 36, H. 2 (2018).

17 Arbeitsauftrag für engagierte Leserinnen und Leser, die an einer passenden Forschungseinrichtung tätig sind: Bitte nimm Kontakt zu mir auf und wir erstellen eine

Folgende positive Wirkungen werden dem regelmäßigen Verzehr von Wachteleiern nachgesagt; manche werden derzeit in Studien untersucht oder sind bereits belegt:

- reinigt den Körper
- hilft Trauma zu heilen
- gute Quelle für Vitamine und Mineralien
- stärkt das Immunsystem
- ist gut für die Prostata
- verbessert die Organfunktionen
- verbessert die sexuelle Potenz
- verlangsamt das Altern der Organe und erhöht die Lebenszeit
- verbessert die Haut
- stärkt die Haare, macht sie glänzend und voluminös
- ruft keine allergische Reaktion, wie zum Teil bei Hühnereiern, hervor und kann Allergien lindern
- fördert die Gedächtnisleistung und die Gehirnaktivität
- reguliert das Nervensystem
- verbessert das Immunsystem bei HIV-Patienten (heben CD4-Level)
- reduziert das Schlaganfall-, Krebs- und Arthritis-Risiko
- hilft bei niedrigen Blutzuckerwerten
- kann Husten und Asthma lindern
- regt die Hämoglobinbildung an
- kann bei Anämie und Krebs unterstützend helfen
- stabilisiert den Cholesterinspiegel
- verbessert die Sehkraft
- unterstützt bei der Heilung chronischer Entzündungen

Das alles sind spannende und wünschenswerte positive Wirkungen. Dieses Buch soll ein Leitfaden bei der möglichst artgerechten privaten Haltung von Wachteln sein. Daher fehlt leider die Kapazität, jede potenzielle positive Wirkung von Wachteleiern mit einer tiefgehenden

---

Projektfördermittelskizze mit dem Thema: *Wie stark verbessert die Gabe von Apfelessig im Trinkwasser von Legewachteln die Cholesterinwerte in den produzierten Eiern tatsächlich?* Anschlussprojekt: *Gilt das ebenso für Hühner?*

wissenschaftlichen Recherche und allgemeinverständlichen Zusammenfassung zu versehen. Exemplarisch für Cholesterin wurde dies oben geleistet.

Bei einem gesunden Lebens- und Ernährungsstil können die Eier von den eigenen Wachteln ein nennenswerter und wertvoller Baustein sein, um 100 Jahre alt zu werden. Allein der Verzehr von täglich zwei Wachteleiern ist aber keine garantierte Versicherung gegen alle möglichen Krankheiten.

Sicher ist, dass leckere und gesunde Wachteleier von gesunden Wachteln gelegt werden. Daher beschäftigen wir uns im nächsten Kapitel mit der Gesundheitsvorsorge unserer Tiere.

11

Gesundheitsvorsorge und Erkrankungen

Vorbeugen ist besser als heilen. Gutes Futter und Wasser, eine artgerechte Voliere mit scharrfähiger, unterschiedlicher Einstreu, ein Sandbad und vor allem kein Überbesatz sind sehr gute Voraussetzungen für dauerhaft gesunde Tiere. Aber auch die Tiere selbst sind aufgrund ihrer Herkunft, Linie und Vorgeschichte ein ausschlaggebender Faktor dabei, ob wir uns langfristig an gesunden Tieren erfreuen oder ob wir uns immer wieder wegen diverser Krankheiten Sorgen machen.

Die Lebenserwartung von Wachteln beträgt nur wenige Jahre. Die meisten Quellen sprechen von nur zwei bis drei Jahren. Bei guter Haltung bis zu fünf Jahren. Acht Jahre sind das maximale mir bekannte Alter eines Japanischen Legewachtelhahns in Deutschland, bevor er aufgrund von Geschwüren erlöst werden musste.

Viele Halter und Züchter, die sowohl Wachteln als auch Hühner halten, berichten davon, dass die Wachteln erheblich seltener kränkeln. Das mag an einem stärkeren Immunsystem liegen, daran, dass Wachteln nicht so überzüchtet sind wie zum Teil spezielle Hühnerrassen und Hochleistungs-Legehybridhennen, oder an der Art der Haltung der Wachteln, die ohne Freilauf weit weniger Krankheitskeimen und Parasiten ausgesetzt sind, die sich Hühner bei der Futtersuche im Auslauf über kurz oder lang zwangsläufig einfangen. Wahrscheinlich ist es eine Kombination aus allem.

Die häufigsten Krankheiten und Beeinträchtigungen (diese werden später ausführlich besprochen), mit denen private Halter konfrontiert werden, sind:

- Verletzungen im Nacken durch den Tretakt oder aggressives Dominanzverhalten, was auch vereinzelt bei Hennen auftreten kann
- Fußballenabzesse
- Legenot und Legedarmvorfall
- Parasiten

Beobachtet man seine Wachteln regelmäßig, so fällt schnell auf, wenn plötzlich Verhaltensmuster auftauchen, die sonst nicht vorkommen. Das kann ein ständiges Jagen von einer Wachtel durch eine oder mehrere andere sein. Das kann eine in der Ecke teilnahmslos kümmernde Wachtel sein, Blutspuren, ein Humpeln oder eine offensichtlich offene Wunde. Ebenso sind ein etwas aufgeplustertes, stumpf und ungepflegt wirkendes Gefieder und trübe Augen ein Krankheitsanzeiger. Findet man blutigen Durchfall oder sogar Würmer im Kot, gibt es ohnc anderen Grund (Hitze, Frost, Mauser, Lichtmangel) deutlich weniger Eier, muss ein Tier mit geöffnetem Schnabel atmen und nicht wie üblich durch die Nasenlöcher? All das sind Anzeichen dafür, dass man einen ausführlichen Gesundheitscheck durchführen sollte.

Dieser roten Henne sah ich an, dass etwas nicht stimmt. Von einem Tag auf den nächsten sah das Gefieder struppig, stumpf, ständig leicht aufgeplustert und zerzaust aus. Sie stand fast nur noch und bewegte sich kaum. Die Augen waren leicht zusammengedrückt. Wenige Stunden später entdeckte ich bei ihr eine versiffte Kloake. Sie hatten einen Legedarmvorfall.

Gesundheitscheck Einzeltier

Eine halbwegs zahme Japanische Legewachtel einzufangen ist sehr einfach: Man greift sie mit einer oder zwei Händen. Das sichere Festhalten ist bei diesen kleinen Tieren schon deutlich schwieriger. Sie haben unglaublich viel Kraft in ihren Beinen und drücken sich zu einem Sprung ab, wenn sie die Chance bekommen. Beim Treten mit den Beinen können die scharfen Wachtelkrallen unangenehme blutende Kratzer an unseren Händen und Armen verursachen. Sind die Flügel frei, so können sie auch aufgeregt schnell flattern. Heben sie dabei ab und man hält sie nur an einem Bein fest, kann es zu Verstauchungen oder Brüchen kommen. Auch ein zu fester Griff, vielleicht im Zorn, weil man zuvor gekratzt wurde, kann zu Verletzungen bei der Wachtel führen. Die Wachteln machen das definitiv nicht, um uns zu ärgern, sondern weil sie in dem Moment große Angst um ihr Leben haben. Mit ein wenig Übung lässt sich der passende Griff an das

Diese zahme weiße Wachtel kann einfach irgendwie in einer oder beiden Händen gehalten werden. Sie lässt das mit sich machen. Die Füße brauchen hier nicht fixiert werden.

Der Griff von oben: Den Wachtelkopf zwischen Zeige- und Mittelfinger einklemmen und mit dem Daumen auf der einen Seite und dem Ringfinger und kleinem Finger auf der anderen Seite den Wachtelkörper festhalten. So lässt sich die Wachtel einfach umdrehen, möchte man z.B. die Kloake für eine Geschlechtsbestimmung ansehen.

Bei wiederborstigen Wachteln sollten die Läufe zwischen den Fingern fixiert werden, um Kratzer und ein Entkommen zu vermeiden.

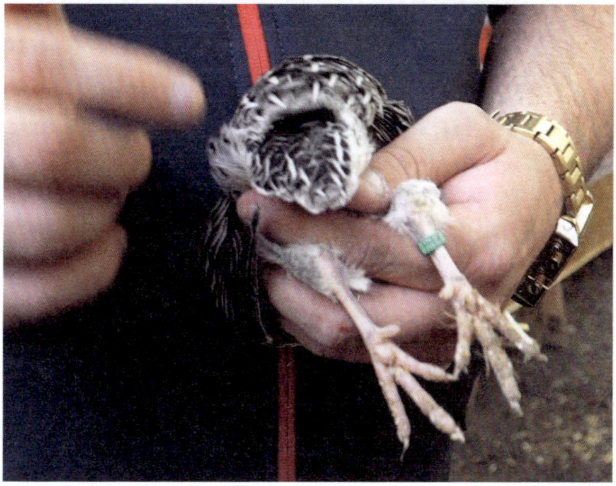

Vertrauen, das die jeweilige Wachtel zu Menschen hat, anpassen. Sehr zahme Wachteln laufen von selbst auf die Hand und sie können fast offen und ohne Zwang in der Hand gehalten werden. Bei scheuen Tieren sollten hingegen doch im Griff die Beine und Flügel sicher und bestimmt fixiert werden. Auf den Fotos sind mehrere Optionen abgebildet, wie ich verschiedene Tiere festhalte.

Hier der große Wachtel-Handkontrolle-Dr-Bene-Gesundheitscheck:

Nacheinander untersuchen:

1. **Gewicht schätzen:** Ist das Tier gut im Futter oder abgemagert? Ab und an kann man eine Wachtel auf eine alte Küchenwaage stellen. Mit etwas Erfahrung genügt dann auch eine Schätzung über das Wiegen mit der Hand. Aufgrund des Federkleides sieht man oft nicht, ob die Tiere gut im Futter oder schon stark abgemagert sind. Das Gewicht ist ein guter Parameter für den allgemeinen Ernährungs- und Gesundheitszustand der Tiere.

2. **Der Kopf**

   1.1 **Der Schnabel:** Ist er normal geformt? Überbiss, scharfkantig, abgebrochen? Wachteln picken gern viele tausendmal am Tag. Können sie das an diversem Material ausleben, z. B. Grünfutter, Pflanzen, Sand, Grit, Steinen, Einstreu und Futter, sollten die Schnäbel gesund geformt sein. Es gibt bei Wachteln ein Gen, das einen unschönen verlängerten Unterschnabel verursacht. Das sollte aber bereits in den allermeisten Zuchten weggezüchtet worden sein. Solche Tiere bitte nicht vermehren und auch die Elterntiere genau anschauen. Mit einer Nagelfeile kann ein stark überstehender Ober- oder Unterschnabel per Hand auf ein normales Maß zurückgefeilt werden. Aber nur das tote Horngewebe. Im Zweifel sucht euch dabei Hilfe bei jemandem, der das schon mal gemacht hat – oder bei einem Tierarzt!

   1.2 **Nase, Atemwege:** Gibt es Nasenausfluss oder Atemgeräusche? Muss das Tier mit geöffnetem Schnabel atmen? Das spricht recht deutlich für eine Infektion (oder Luftröhrenwürmer bei Atemgeräuschen ohne Ausfluss). Eventuell ist das Stallklima miserabel: Wurde lange nicht ausgemistet und im Stall riecht es schon stechend nach Ammoniak (wie abgestandener Urin)? Ist der Stall gut gelüftet, ohne Zugluft?

1.3 Augen: Sind die Augen klar, trüb oder geschwollen? Genau wie bei der Nase, spricht dies für eine Infektion und/oder schlechtes Stallklima.

1.4 Ohröffnungen: Sind die Ohröffnungen frei oder ist dort Sekret, das durch einen Ektoparasitenbefall verursacht sein könnte?

Das Ohr befindet sich etwas hinter und unterhalb der Augen und ist meist mit einem kleinen Federfächer verdeckt.

3. Nacken: Gibt es im Nacken durch Federverlust eine kahle Stelle oder Schorf? Wenn ein Hahn mit in der Gruppe ist, könnte es seine Lieblingshenne sein. Dann fehlen manchmal auch auf dem Rücken Federn. Unterschiedliche Hähne treten sehr unterschiedlich häufig ihre Hennen. Das Geschlechterverhältnis, also wie viele Hennen auf einen Hahn kommen, und wie gut die Einrichtung Ruhe und Rückzugsmöglichkeiten bietet, spielen eine große Rolle. Falls ein rabiater Wachtelhahn schon theoretisch ausreichend Hennen (8+) hat und es auch genügend Ausweichmöglichkeiten gibt, sollte man kurz nachdenken, ob dieser „Problem-Hahn" die Hennen weiter kaputttreten darf oder ob man ihn der Küche zuführt. Ist kein Hahn bei den Hennen, ist diese Henne rangniedrig und wird gemobbt. Bitte überprüfen, ob es Konkurrenz durch zu wenig Platz am Futter, Wasser oder im Staubbad gibt. Sind ausreichend Ausweichmöglichkeiten vorhanden?

4. Den **Kropf** abtasten: Er befindet sich etwas asymmetrisch auf der rechten Körperseite der Wachteln. Es braucht etwas Übung und Erfahrung, um zu ertasten, ob es ein gut gefüllter, weicher Kropf nach dem Fressen ist oder ob der Kropf eventuell verstopft, prall gefüllt und hart ist. Sobald man ein paar Tiere betastet hat, bekommt man ein Gefühl dafür, was normal ist. Früh morgens, bevor die Wachtel gefressen und getrunken hat, sollte der Kropf leer sein. Fühlt man einen vergrößerten Kropf mit Wassereinlagerungen, weich mit süßlich-fauligem Atemgeruch (Gärung im Kropf) oder einen vergrößerten Kropf, der sehr hart ist? Beides kann eine Kropfverstopfung sein.
5. **Flügel** auffächern und ansehen. Gibt es auf der Unterseite Parasiten (oft in der Armbeuge). Ist das Gefieder beschädigt oder in der Mauser? Wachtelhähne stützen sich beim Tretakt oft mit den Flügeln seitlich auf dem Boden ab. Dabei stoßen sie sich die Schwingenfedern ab. Die Spitzen sind dann unschön abgebrochen. Sorgen bereitet das nur, wenn dieser Wachtelhahn bei der nächsten Rassegeflügelausstellung gezeigt werden sollte. So ein Tier bekommt vom Preisrichter unweigerlich null Punkte. Genetisch als Zuchthahn kann er aber weiter ein Top-Tier sein. Nach der nächsten

Da und noch etwas tiefer sitzt der Kropf. Diese Henne hat eine sehr schöne Flockenzeichnung auf den Brustfedern.

Mauser sind die Flügel wieder wie neu. Zumindest kurz. Ausgewachsene, einzeln abgebrochene Federn könnten auch mit den Händen ausgezogen werden; diese wachsen dann außerhalb der Mauser in den nächsten Wochen neu nach.

Dieser ansonsten prächtige blau-wildfarbene alte Hahn hat sich beim Treten der Hennen die Schwingenfedern an den Enden abgebrochen.

6. **Rücken** von oben betrachten, auf dem Rücken gegen den Strich streichen, um die Haut zu betrachten. Sind dort Parasiten (siehe unten) zu erkennen?

Rückenfedern gegen den Strich angehoben. Zusätzlich sieht man bei dieser Wachtel sehr schön die helle Lanzettzeichnung auf den großen Rückenfedern.

7. Die Wachtel nach vorn unten kippen, so lassen sich die **Kloake** und die umliegenden Federn etwas besser betrachten. Dort befinden sich gerne Federlinge und Nordische Milben (siehe unten), die

an den Federkielen ihre Nissen (Eigelege) anheften. Kleben hier Kotreste, Durchfall oder gibt es Verletzungen, Rötungen?

8. Das **Brustbein** befühlen. Kalziummangel und Einrichtungsgegenstände, gegen die die Wachteln eventuell nach einem Flucht-Parabel-Flug prallen, können zu Brüchen des Brustbeines führen.

Das Brustbein sitzt bei dieser Henne zwischen meinem Zeige- und Mittelfinger und lässt sich gut ertasten.

9. **Läufe und Zehen** ansehen. Gibt es Anzeichen für Kalkbeingrabmilben (siehe unten)?

Die Laufe und Zehen werden überprüft.

10. **Wichtig: Fußballen und Zehen** von unten ansehen. Hoffentlich gibt es keine beginnenden oder aufgeblähten Ballenabszesse (siehe unten). Verschiedene Einstreumaterialien, das Sandbad, Steine, dicke Äste und eine raue Steinplatte unter dem Futterbehälter sind sehr gute vorbeugende Maßnahmen für die Fußgesundheit.

11. **Krallen:** Sind die Krallen in Ordnung oder zu lang? Gibt es Kotballen an den Krallen? Zu lange Krallen können auftreten, wenn sich die Tiere die Krallen nicht beim Scharren abwetzen können. Kotballen können in etwas feuchter Einstreu entstehen. Es handelt sich um Kotkügelchen, die sich um die Krallen sammeln. Diese kann man in lauwarmem Wasser einweichen und vorsichtig ablösen. Mit Gewalt ohne Einweichen haben wir Menschen durchaus die Kraft, der Wachtel die Kralle mit dem Kotklumpen zusammen abzureißen. Eine offene blutende Wunde an der Stelle bei unhygienischer Einstreu wäre sehr ungünstig.

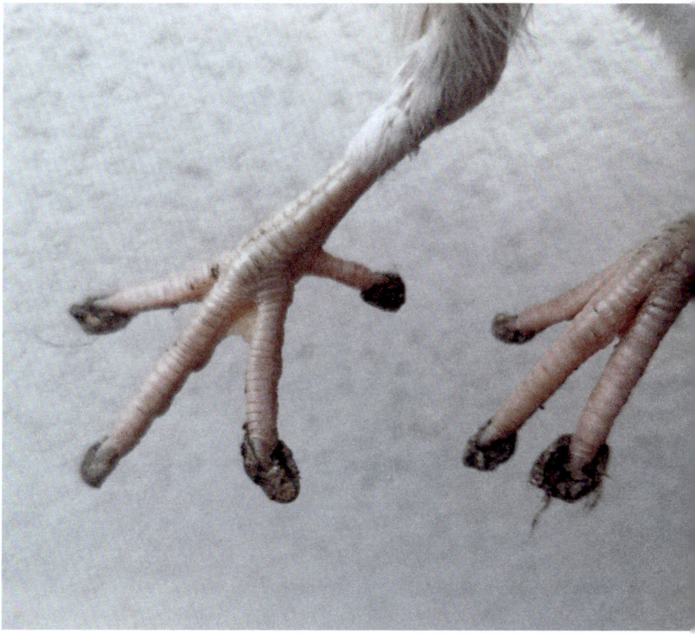

Kotballen an den Krallen sind ein recht häufiges Problem. Einweichen und vorsichtig ablösen. Beim Versuch, diese trocken abzureißen, können die Krallen mit ausgerissen werden. Foto: Jeffrey Krüger

Gestatten, Dr. rer. nat. Benedikt Sauer, Naturwissenschaftler und kein Tierarzt. Nach bestem Wissen und neustem mir verfügbarem Kenntnisstand habe ich auch dieses Kapitel zusammengestellt. Selbstverständlich nutzt ihr bei der Gesunderhaltung und Krankheitsdiagnostik und -behandlung euer eigenes Urteilsvermögen und zieht gegebenenfalls einen Tierarzt vor Ort zurate.

Neben der Beobachtung der Tiere und der gerade beschriebenen Handkontrolle, können die Betrachtung des Kotes und der Eier starke Hinweise auf mögliche Krankheiten oder Parasiten geben.

Kot

Eine Wachtel setzt täglich vielfach Kot ab. Der normale Dickdarmkot ist grünlich bis dunkelbraun, gut geformt und hat eine weißliche bis leicht gelbliche, etwas wässrige, manchmal auch schaumige Kappe. Die Kappe ist quasi das Pipi, die Harnsäure. Etwa jeder zehnte Kot ist Blinddarmkot, der oft morgens abgesetzt wird. Diesem fehlt die weiße Haube und er ist deutlich flüssiger, je nach zuvor Gefressenem hell- bis dunkelbraun und mit zum Teil unverdaulichen Faserresten, je nachdem, ob und was als Grünfutter gereicht wurde.

Das ist der übliche Dickdarmkot mit einer weißen Haube. Blinddarmkot und Stresskot sind dünnflüssiger, zum Teil schaumig, ohne weiße Haube und stinken intensiver.

Tote Fadenwürmer (Nematoden) Ascardia galli im Hühnerkot morgens auf dem Kotbrett. Am Tag zuvor hatte ich mal wieder eine angequetschte Knoblauchzehe mit ins Trinkwasser gegeben.

Er kann stärker stinken als der Dickdarmkot. Das ist völlig normal und kein Durchfall.

Leiden die Wachteln stark unter Würmern (Endoparasiten), können im Kot Wurmglieder oder sogar ganze Würmer zu sehen sein.

Ganz selten sieht man im normalen Dickdarmkot kleine rote Stückchen, die Ablösungen der Darmschleimhaut sind. Wachteln und Hühner erneuern regelmäßig ihre Darmschleimhaut und sporadische kleine Stückchen sind kein Grund zur Sorge. Häuft sich dies und sind noch größere Anteile von Blutbeimengungen zu finden, ist dies ein Alarmsignal für Kokzidiose (siehe unten). Wachteln, die kotverfärbendes Futter, z. B. Rote Bete (rot), Rotkohl (blau) oder Blaubeeren (schwarz), bekommen haben, scheiden in der Folge Kot in dieser Farbe aus. Wachteln, die z. B. im Sommer viel Wassermelone oder Gurke bekommen haben, können dadurch deutlich dünnflüssigeren Kot haben. Stresskot ist ebenfalls dünnflüssiger. Wenn man zunehmend veränderten Kot (dünnflüssiger, schaumiger, verfärbt) über mehrere Tage bemerkt und sich darüber Gedanken macht, sollte man einige dieser Kothäufchen einsammeln und zum Tierarzt bringen. Der kann entweder sofort selbst eine Schwemmprobe vom Kot unter dem

Mikroskop betrachten oder den Kot zur ausführlichen Untersuchung einschicken. Dies kostet nicht allzu viel (etwa 10 bis 20 Euro) und gibt die Sicherheit, ob und was die Wachteln eventuell innerlich mit sich herumtragen. Die Kotproben sollte man mit Einmalhandschuhen in einem durchsichtigen Zipper-Beutel sammeln und transportieren. Auf den Beutel bitte mit Edding das Datum, die Art der Probe und den eigenen Namen vermerken. In meinem Fall wäre das heute also „13.8.2025, Wachtel-Kot-Sammelprobe, Sauer". Die Probe sollte dann sofort zum Tierarzt gebracht werden.

Seltsame Eier

Eier ohne Kalkschale nennt man **Windeier**. Lediglich die Doppelmembran unter der Eischale hält das Ei zusammen. Es besteht die Gefahr, dass so ein Ei schon in der Henne aufreißt, einen Nährboden für Bakterien bietet und zu Legedarmentzündungen führt. Auch können solche gelegten Eier zum Eierfressen animieren, in dessen Folge auch die normalen Eier angepickt werden. Windeier also möglichst zügig entfernen.

Dieses Windei hatte nur eine sehr dünne Kalkschale.

Eine Vorstufe von Windeiern sind sehr dünnschalige Eier. Leider kommen **diverse Ursachen** infrage:

Stress kann die Kalziumaufnahme verringern.

➔ Stress verringern.

Es könnte nicht ausreichend Kalzium im Gesamtfutter vorhanden sein.

➔ Zusätzlich Muschelgrit zur freien Aufnahme anbieten; anderes Futter wählen.

Es könnten Darmschädigungen vorliegen.

➔ Kokzidiose oder Würmer?

Bei Durchfall oder viel Flüssigkeitsaufnahme, z. B. im Sommer, gehen die notwendigen Mineralstoffe zu schnell durch den Verdauungstrakt und können somit nicht von der Wachtelhenne absorbiert werden.

➔ Durchfallursache bekämpfen; Elektrolytlösung im Sommer ins Trinkwasser; Abkühlung durch Schatten schaffen.

Nierenschäden und Vitamin-D-Mangel können den Kalziumstoffwechsel stören. Das Egg-Drop-Syndrom und die Infektiöse Bronchitis können zu Entzündungen im Legeapparat führen und deformierte, wässrige oder schalenlose Eier verursachen.

➔ Vitamin D kann über das Trinkwasser zugegeben werden. Für Hühner gibt es zugelassene Impfstoffe, nicht jedoch für Wachteln.

Ein **Ei mit einer Blutspur** auf der Schale kann zu Beginn der ersten Legeperiode bei jungen Wachtelhennen vorkommen, insbesondere wenn sie noch nicht voll ausgereift sind und „zu früh" mit dem Legen beginnen. Im Legeapparat kann es zu kleinen Rissen mit leichten Blutungen beim Legeakt kommen. Meistens ist dies unbedenklich, es sollte aber beobachtet und notiert werden, ob es nur wenige Male sporadisch bei den ersten zehn Eiern auftritt oder stetig über Wochen.

- Nicht pauschal schlagartig nach der sechsten Lebenswoche auf Wachtellegehennenfutter umstellen. Besser das Legehennenfutter ab Woche sieben dazumischen und ab den ersten Eiern dann voll auf Legehennenfutter umstellen.

Faltige Eier

Eine Infektion, die auch den Legeapparat betrifft, kann zu faltigen oder sandpapierartigen Eiern führen. Bei der Infektiösen Bronchitis ist dann oft gleichzeitig das Eiklar sehr wässrig.

- Vorbeugen mit gesunden Tieren in einer artgerechten Haltung. Eventuell das Tier ausfindig machen und versuchen, es separat etwas aufzupäppeln.

Wurm im Ei

Bei sehr starkem Wurmbefall kann es theoretisch passieren, dass ein Wurm vom Darmausgang an der Kloake in den Legeapparat wandert und dort bei der Eibildung miteingeschlossen wird. Für Hühnereier ist so etwas dokumentiert, bei Wachteln habe ich das bislang noch nicht gesehen. Dies ist ekelhaft, stellt aber für den Menschen keinerlei Gefahr dar, da die Hühner- und Wachtelwürmer nicht ansteckend für uns Menschen sind.

- Mindestens mit einer angequetschten Knoblauchzehe im Trinkwasser, besser noch mit einer hochwirksamen Wurmkur vom Tierarzt entwurmen.

Kalk-Pickel auf der Eischale

Das kann bei Vitamin-D- und/oder Kalküberschuss in der Nahrung vorkommen. Stress während der Schalenbildung kann ebenso eine Ursache sein oder der Lieblingslegeort war besetzt und das Ei verweilte deutlich länger als gewohnt im Uterus.

- Stress vermeiden, Futter überprüfen, mehr schöne Nester anbieten.

Dieses Windei einer Celadon-Henne hat eine Haube aus vielen Kalkpickeln. Das übernächste Ei war wieder vollkommen normal.

Kropfverstopfung

Das Gefressene hat sich im Kropf verklumpt und kann am engen Übergang zum Drüsenmagen nicht weitertransportiert werden. In der Folge hat das Tier Durchfall und magert immer weiter ab, obwohl der Kropf voll ist. Oft macht die Wachtel schlängelnde Bewegungen mit dem Hals, so, als versuche es zu schlucken. Ursache kann sein, dass viele Sägespäne, Federn, lange Halme oder langer Grasschnitt gefressen wurden. Ein Tierarzt kann am besten helfen. Beim weichen aufgeblähten Kropf kann versucht werden, ein Erbrechen durch Überkopfhalten und Massieren des Kropfes herbeizuführen (Erstickungsgefahr). Bei der harten Kropfverstopfung könnte tröpfchenweise Speiseöl in den Schnabel gegeben werden und vorsichtig versucht werden, den Inhalt im Kropf zu massieren und so weit zu lösen bzw. von außen mechanisch zu zerkleinern, dass er weiterrutscht (innere Verletzungsgefahr).

→ In artgerechter Wachtelhaltung sollten die Tiere normalerweise nicht eventuell aus Langeweile oder wegen schlecht zusammengesetztem Futter viele Sägespäne oder Federn fressen. Die Gabe von fressbaren langen und zähen Halmen und längerem Rasenschnittgut überdenken.

Parasiten

Parasiten können wir grob in Ektoparasiten (= außen) und Endoparasiten (= innen) einteilen. Normalerweise leben Parasiten mehr oder weniger im Einklang mit ihrem Wirt, ohne ihn erheblich zu schädigen. Das Immunsystem und das Verhalten unserer Wachteln haben Abwehrmechanismen gegen die Parasiten entwickelt, die sich wiederum in ihrem Überlebenskampf dieser Abwehr zu entziehen versuchen. Zum Beispiel staubbaden die Wachteln tagsüber, um Milben auf ihrer Haut zu bekämpfen. Die Rote Vogelmilbe geht aber nur nachts mal ein Stündchen auf den schlafenden Wachteln Blut trinken und versteckt sich tagsüber gern in der Nähe. Meist verweilt sie in schmalen Ritzen zwischen Holzbrettern oder Leisten, zwischen Verschraubungen oder in leeren Bohrlöchern. So werden die Roten Vogelmilben nicht vom Staubbad am Tage beeinträchtigt. Ist das Gleichgewicht zwischen Wirt und Parasiten gestört, können sich die Parasiten in wenigen Wochen explosionsartig vermehren und die Tiergesundheit stark beeinträchtigen. Kommt bei einem so geschwächten Tier eine weitere Infektion oder z. B. eine tropische Hitzenacht hinzu, kann dies in Kombination zum Tode führen.

Die Rote Vogelmilbe titt fast immer in sich schnell vergrößernden Kolonien auf. Hier an Ritzen nahe der Schlafstange von Hühnern. An den Holzspänen kann man die Größe erahnen. Die einzelen, mit blut vollgesaugten Milben sind etwa 1 mm groß.

Hühner, die in den Genuss eines Auslaufes kommen, sind immer wieder mit Parasiten in Kontakt. Der Druck bei Wachteln in einem mit Gittern geschlossenen Stall oder einer Voliere ist erheblich geringer. Aber auch durch das Gitter können die winzigen Parasiten entweder selbst laufen oder auf einem Stapelwirt (z. B. Fliegen, Würmer, Schnecken und Kellerasseln) zu den Wachteln gelangen. Es ist sogar nicht unwahrscheinlich, dass wir selbst Parasiten zu den Wachteln bringen: übers Grünfutter, auf dem Gartenvogelkot ist, oder im leckeren Regenwurm, oder in einem mit dem Spaten ausgestochenen Klumpen Grassode.

Auch mit Staub und Dreck an unseren Schuhen oder der Kleidung können wir selbst Parasiten mit in die Wachtelvoliere tragen. Neuzugänge können ebenfalls Parasiten mit in den eigenen Bestand bringen.

Niemand braucht sich also Vorwürfe zu machen, wenn bei der Handkontrolle unserer Tiere mal ein Tier dabei ist, das sichtbar befallen ist. Ein ganzer Maßnahmenkatalog steht uns im Kampf gegen die Parasiten zur Verfügung.

Endoparasiten (in der Wachtel drin)

Kokzidien

Kokzidien verursachen weltweit bei vielen Tierarten hohe Verluste. Sie sind stark wirtsspezifisch. Bsp.: Die Kokzidienart *Eimeria truncata* befällt bei Gänsen die Niere und kann zum Tod führen, ist aber für Hühnern irrelevant. Bei Hühnern kann *Eimeria Tenella* in den zwei Blinddärmen zu schwersten Schäden führen. Bei Wachteln befällt *Eimeria tsunodai* die Blinddärme und *Eimeria bateri* und *Eimeria uzura* wurden ebenfalls recht häufig nachgewiesen. Im Laufe seines etwa einwöchigen Entwicklungszyklus zerstört dieser Einzeller zahlreiche Darmzellen.

Blutiger Durchfallkot tritt aus. Die befallenen Wachteln sitzen oft mit etwas aufgebauschtem Gefieder mit krummen Rücken zusammengekauert und teilnahmslos mit zusammengekniffenen Augen in einer Ecke und sind sehr schnell extrem abgemagert. Oreganoextrakt und Knoblauch im Trinkwasser oder im Futter wirkt wissenschaftlich belegt gegen *Eimeria* und können helfen, die Altersimmunität schneller auszubilden. Für Hühner steht eine Impfung und ein mit Medikamenten versetztes Kükenfutter zur Verfügung. Für Wachteln gibt es in Deutschland keine zugelassene Impfung. Ebenso sind die mit Antibiotika versetzten sogenannten Kükenfutter mit Kokzidiostatika (oft nur als „+cocc“ oder „+cocci“ auf dem Futtersack ausgewiesen) nicht für Wachteln geeignet. Die Wachtelküken wachsen so derart schnell in normalerweise von Alttieren und möglichen Infektionsquellen weitgehend geschützten Bereichen auf, dass der Schaden, der durch +cocc-Kükenfutter angerichtet würde, weit größer wäre als ein eventueller Nutzen.

Eingekapselt im Dauerstadium der Oozysten können diese Parasiten im Boden, der Einstreu oder in der Einstreu im Komposthaufen bis zu ein Jahr überdauern.

➔ Ab und an Oreganoextrakt im Trinkwasser oder frische oder getrocknete Kräuter beugen nicht nur einer potenziellen Kokzidiosegefahr vor, sondern stärken auch insgesamt die Darmgesundheit und Verdauung.

Oregano in einem 30 l Topf in der Voliere.

Würmer

Die Würmer, die als Schmarotzer in unseren Wachteln leben, können wir grob in Bandwürmer und Fadenwürmer (Nematoden) einteilen.

Jede Bandwurmart benötigt mindestens einen Zwischenwirt für den vollständigen Lebenszyklus. Das können unter anderem Nacktschnecken, Regenwürmer, Käfer und Ameisen sein.

Bei einem Bandwurmbefall können unsere Tiere einen Gewichtsverlust, eine geringere Legeleistung und einen schleimig-wässrigen Durchfall zeigen.

Die meisten Nematoden benötigen nicht zwangsläufig einen Zwischenwirt, reichern sich als Larven aber in sogenannten Stapelwirten, z. B. Regenwürmern, an. Jungtiere sind besonders empfänglich für Wurminfektionen.

➔ Eine angequetschte Knoblauchzehe im Trinkwasser wirkt gegen Würmer. Am Folgetag findet man vielleicht tote Würmer oder Wurmglieder im Kot. Noch effektiver und dann auf jeden Fall angesagt, ist ein Entwurmungsmittel vom Tierarzt.

Ektoparasiten (auf der Wachtel)

Milben zählen zu den Spinnentieren (= acht Beine). Die *Knemidocoptes mutan*s ist die **Kalkbeinmilbe**, die sich mit ihren Grabwerkzeugen in die Haut der Zehen und Läufe unserer Wachteln frisst. Betroffen sind vor allem ältere Tiere. Die borkigen, aufgedickten Beine sehen aus, als seien sie mit Kalk (bei Wachteln zum Teil auch gelblich) überzogen.

Die Grabmilbe ist nur etwa 0,2 bis 0,5 mm lang. Die Milben leben in der Oberhaut, der Epidermis, und lösen dort Hornhautwucherungen aus (Hyperkeratose).

Schuppen an den Läufen lockern sich und stellen sich auf. Zahlreiche kleinste Hautentzündungen treten auf. Durch die Entzündung wird Blutserum abgesondert, das in Verbindung mit den Hautschuppen und dem Kot der Milben wie Wucherungen und Borke aussieht, so, als sei es mit Kalk überzogen. Daher der Name. Es ist aber kein Kalk. Die krustigen Schuppen bitte nicht abknibbeln, auch wenn es

Bei Hühner sieht so das Krankheitsbild Kalkmilbenbeine aus. Bei Wachteln konnte ich es bislang noch nicht beobachten.

reizt; das würde sehr wahrscheinlich bluten. Die Kalkbeinmilben verschlechtern das Allgemeinbefinden der betroffenen Wachteln durch Dauerbelastung und eventuellen Juckreiz. Schwerste Ausprägungen führen zu Bewegungseinschränkungen und Bewegungsmangel, bis das Tier gar nicht mehr gehen möchte bzw. kann.

Die männlichen Grabmilben paaren sich an der Hautoberfläche und sterben danach. Die weiblichen Grabmilben legen mit ihren starken Mundwerkzeugen Gänge in der Haut an. In den Grabgängen legen sie ihre Larven und Eier ab. Die Grabmilben leben dort drei bis sechs Wochen und legen in dieser Zeit bis zu fünfzig Eier je Weibchen. Der vollständige Entwicklungszyklus (von den Eiern über Larven- und Nymphenstadien bis zur erwachsenen Milbe) dauert zwei bis vier Wochen.

Die Behandlung ist sehr einfach, aber langwierig: Man besprüht die Beine und Zehen der Wachteln mit einem Kriechöl (z. B. Ballistol). Dadurch ersticken die atmenden Milben in den Gängen. Bei der ersten Behandlung werden allerdings die Milbeneier durch das Öl nicht abgetötet und es können erneut Milben schlüpfen. Diese würden ohne weitere Behandlung nach zwei bis drei Wochen die volle Geschlechtsreife erreichen. Aber nicht mit uns! In der Zwischenzeit wiederholen wir die Anwendung im wöchentlichen Abstand, bevor neue Eier abgelegt werden können. Ich empfehle vier Anwendungen im wöchentlichen

Abstand. Wenn eine Wachtel offensichtlich befallen ist, sollte man gleich den gesamten Bestand behandeln. Danach vorbeugend gerne einmal im Quartal.

Vogelmilben

Es gibt zwei wichtige Arten von Vogelmilben bei Wachteln: Zum einen die **Nordische Vogelmilbe** (*Ornithonyssus sylvarium*). Sie lebt ständig auf den Vögeln und durchläuft dort mithilfe des Wirtsblutes ihren kompletten Lebenszyklus. Die Eigelege der Nordischen Vogelmilbe befinden sich oft an den Federansätzen in der Nähe der Kloake. Es gibt Spot-ons, Tropfen, Pulver und Sprays zur Anwendung auf dem Tier. Manche Futterzusatzkräuter versprechen, das Blut für Milben ungenießbar zu machen. Durch Staubbaden können Wachteln Nordische Milben abschütteln. Wachteln mit Schnabelmissbildungen wie Kreuzschnäbeln können ihre eigenständige Gefiederpflege nur unzureichend bewerkstelligen. Sie sind daher wesentlich anfälliger für die Nordische Vogelmilbe und auch Federlinge. Ein warmes Bad mit einem Flohshampoo für Tiere und das anschließende Übernachten im warmen Heizungskeller sind eine sehr gute Behandlung.

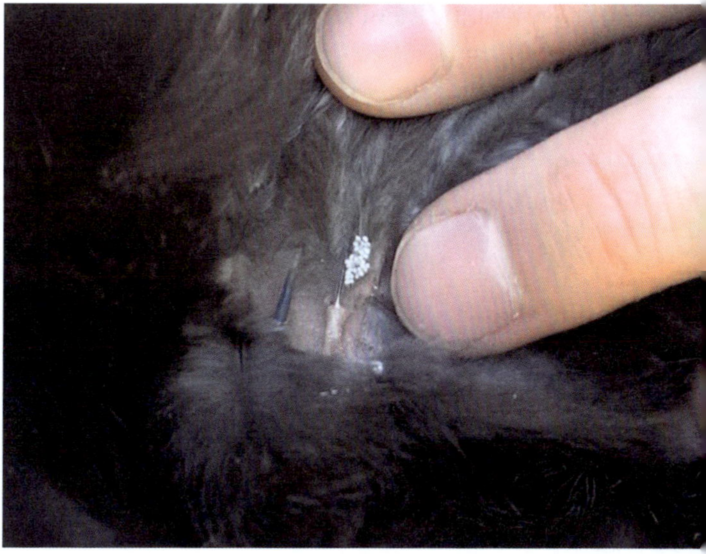

Eigelege von Ektoparasiten, entweder Nordische Milbe oder Federlinge, an den Federkielen bei einem Huhn.

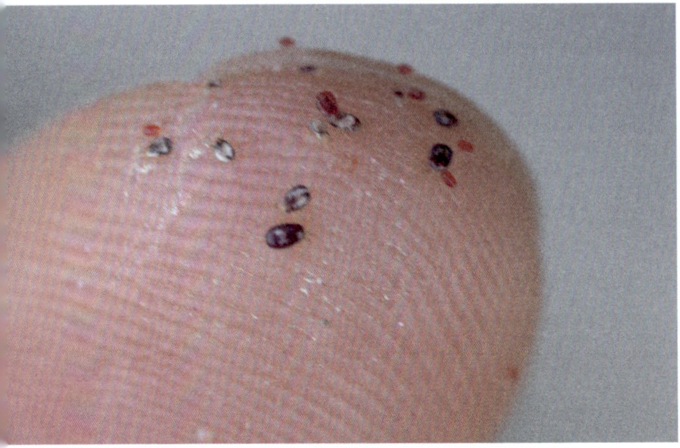

Rote Vogelmilben auf meinem linken Zeigefinger. Erstaunlich, wie ich in diesem Moment geistesgegenwärtig mit einer Hand ein unverwackeltes Makrobild knipsen konnte.

Eine andere Taktik hat die **Rote Vogelmilbe** (*Dermanyssus gallinae*): Sie geht nur nachts auf unsere Wachteln, trinkt Blut, verlässt die Tiere und versteckt sich in der Nähe der Schlafplätze. Bei warmen Temperaturen (> 20 °C) kann sich die Rote Vogelmilbe explosionsartig vermehren. Wir Menschen kommen als Fehlwirt für die Rote Vogelmilbe infrage, was zu Hautirritationen führen kann.

Bei einer Temperatur von unter 9 °C können sich die Larven der Roten Milbe nicht mehr entwickeln. Unbeheizt ist im Winter also Ruhezeit für die Rote Vogelmilbe. Geschlechtsreife Milben können aber über ein Jahr lang ohne Blutmahlzeit in ihren Schlupfwinkeln überleben. Die Milben schwächen unsere Wachteln und machen sie anfällig für andere Krankheiten. Ein sehr starker Befall mit Roten Vogelmilben kann bei Wachteln zum Tod durch Blutarmut führen. Hat man mit viel Aufwand eine Wachtelglucke auf Eiern sitzen, ist sie ein gefundenes Fressen für Rote Vogelmilben. Diese Milben sind zwar klein, man kann sie aber doch gut mit dem bloßen Auge sehen, wenn man weiß, wo und wonach man sucht. Milbenfallen aus Karton oder Klebestreifen sind meiner Einschätzung nach daher überflüssig. Die Milben findet man oft in Ritzen von Stallverkleidungen, in den Faserrillen an den Kopfseiten von Latten oder Brettern, in Ritzen an Verschraubungen oder Sägeflächenkanten, bis etwa 1 m Milbenlaufstrecke um den Stall bzw. die Voliere herum. Hat die Rote Vogelmilbe Hunger, so kann

Eine Kolonie Roter Vogelmilben an einer Verschraubung.

sie auch einige Meter laufend zurücklegen. Sie ist dabei etwa halb so schnell wie kleine Ameisen.

Ein Kalkanstrich des Stalls macht die Oberfläche unangenehm für die Milben. Sehr gut vorbeugend ist Kieselgurpulver. Das sind Schalenbruchstücke fossiler Kieselalgen. Diese passen mit ihren winzigen kleinen, scharfen Kanten genau in die Schwachstellen der Milben und wirken so mechanisch (es gibt also keine Resistenzbildung). Das Kieselgurpulver trägt je nach Firma unterschiedliche Handelsnamen wie Bergmehl, Diatomeenerde, Pelit, Diatomit, Infusorienerde oder Kieselmehl. Oft wird das Pulver trocken gesprüht, und gleichzeitig vor der Gefahr des Einatmens gewarnt. Viel einfacher und besser zu sprühen ist es, wenn man es mit Wasser mischt und mit einer Gartenspritze im Stall versprüht. So zieht es auch besser in die Ritzen ein.

Videotipp: Rote Vogelmilbe bei Hühnern bekämpfen:

https://youtu.be/XpHqj8DU8fc

Bei einer Mischung von einem Teil Kieselgur zu etwa acht Teilen Wasser verstopft auch die Düse der einfachen Gartenspritzen nicht. Das Sprühen geht schnell und sollte mindestens im Frühsommer, je nach Bedarf mit Wiederholungen, durchgeführt werden.

Die aktuell ultimative Waffe gegen die Rote Vogelmilbe ist das Medikament Exzolt für Hühner, das es nur über den Tierarzt gibt. Der Wirkstoff ist Fluralaner, ein hochwirksames Nervengift für Milben. Genau denselben Wirkstoff gibt es auch als Bravecto für Hunde und Katzen gegen Flöhe und Zecken. Das Fluralaner geht in das Blut und die Haut der Hühner. Wenn die Milben nun vom Blut des Huhns trinken, werden sie dadurch vergiftet. Es gibt null Tage Wartezeit auf Eier und vierzehn Tage auf Fleisch, bis es wieder als bedenkenlos essbar gilt. Damit es seine ganze Wirkung entfaltet, sind zwei Anwendungen über das Trinkwasser im Abstand von einer Woche notwendig. Schon 0,1 ml Exzolt reichen für eine einmalige Behandlung von einem 2 kg schweren Huhn aus. Die Wirkung hält wenige Monate an. Exzolt ist zugelassen gegen die Rote Vogelmilbe; nach meinem Wissensstand wirkt es ebenso gegen die Nordische Milbe, gegen Kalkbeinmilben und auch Federlinge. Dieses Medikament ist nicht offiziell für Wachteln zugelassen. Vermutlich würde aus Sicht der Herstellerfirma MSD der zu erwartende Gewinn die notwendigen Kosten für die Zulassung für Wachteln nicht aufwiegen. Vor allem, da mengenmäßig die allermeisten Wachteln kommerziell indoor in Etagenbatterien auf Gittern für nur eine Legeperiode oder Mast gehalten werden. Für diese „hygienischen" Haltungsbedingungen hat ein Medikament oder eine Impfung gegen die Rote Vogelmilbe keinen Sinn. In Absprache mit dem Tierarzt kann ein Medikament auf eine ähnliche Tierart umgewidmet werden. Dadurch verdoppeln sich die offiziellen Wartezeiten auf Fleisch und Eier. Nach Auskunft erfahrener Wachtelzüchter und auch meiner eigenen Erfahrung nach gibt es nach der Anwendung von Exzolt bei Wachteln keinerlei negative Anzeichen bei den Wachteln und es ist ebenso wirksam wie bei Hühnern. Dabei wurde die Dosierung 0,05 ml Exzolt auf in Summe 1 kg Wachtellebendgewicht und die zweimalige Gabe im Abstand von einer Woche eingehalten.

Federlinge

Federlinge sind flügellose Insekten (= sechs Beine). Sie fressen Hautschuppen und Federn und leben ständig auf unseren Wachteln. Besonders gerne unter den Flügeln in den Achseln. Auch sie legen genau wie die Nordische Vogelmilbe ihre Eier (Nissen genannt) an den Federn nahe der Haut ab. Die Federlingslarve benötigt bis zu fünf Wochen, um ein erwachsener, länglicher Federling zu werden. Die Federlinge kann man recht gut mit dem bloßen Auge erkennen, da sie ein paar Millimeter groß werden. Allerdings scheuen sie das Licht und verstecken sich sehr schnell unter Federn, wenn man eine Wachtel bei der Handkontrolle untersucht. Federlinge fressen die Federn unserer Schützlinge an. Die Fraßspuren kann man deutlich erkennen. Es gibt Spot-ons, Pulver und Sprays gegen Federlinge.

Typische Fraßspuren von Federlingen an Hühnerfedern.

Krankheiten

Geflügelpest

Die Geflügelpest (= Vogelgrippe, Aviäre Influenza) ist eine hochansteckende Viruskrankheit, die bei einigen Vogelarten auftritt. Bei Hühnern und Puten werden die höchsten Erkrankungs- und Sterberaten beobachtet. Aber auch Wachteln sind empfänglich für dieses Virus.

Der Erreger der Geflügelpest ist ein Influenzavirus A der Familie Orthomyxoviridae, die typischerweise eine hohe Variabilität zeigen, also sich ständig verändern können. So müssen sich auch grippeimpfungswillige Menschen jeden Winter neu gegen den vermutlich neu eintreffenden Grippevirustyp impfen lassen.

Für die Geflügelpest gibt es gesetzliche Regelungen, die Geflügelpestschutzverordnung, da die Gefahr besteht, dass bei engem Kontakt mit krankem Geflügel das Virus mutieren und dann auch für Säugetiere gefährlich werden kann. Es würde von einer zoonotischen Aviären Influenza gesprochen werden, aus der sich im allerschlimmsten Fall eine Pandemie entwickeln könnte. Vor Jahren hat die Europäische Union entschieden, dass sie Ausbrüche der Geflügelpest beobachten und die erkrankten Bestände „seuchenunschädlich" vernichten möchte.

Eine Impfung und auch Heilversuche sind daher per Gesetz verboten. Ausnahmen davon sind für z. B. Zoos und wissenschaftliche Forschung bei hohen Auflagen und Sicherheitsmaßnahmen möglich. Mittlerweile sind Impfstoffe verfügbar. Zum einen müsste aber das EU-Recht dafür geändert werden (so etwas kann sich Jahre bis Jahrzehnte hinziehen) und zum anderen ruft die gewinnmaximierende Geflügelindustrie nach Fördermitteln und einem Forschungsturbo für einen Impfstoff, der mit einem Tracer/Marker (eine Art interne „Markierung") versehen ist. Der Grund dafür ist der Fleischabsatzmarkt in China und anderen Ländern.

Auch China hat sehr große Sorgen mit der Geflügelpest und erlässt daher zum Teil schnelle und harte Importbeschränkungen. Bei Tests auf Geflügelpest an Geflügelfleischprodukten lässt sich nicht erkennen, ob das Tier geimpft, krank oder genesen war. Daher wäre es für die Geflügelindustrie eine Katastrophe, wenn das Fleisch von geflügelpestgeimpften Tieren nicht mehr ins Ausland verkauft werden könnte. Ohne Marker kann nämlich nicht festgestellt werden, ob eine möglicherweise gefährliche Infektion mit Geflügelpest vorliegt oder ob es nur die Impfung ist. Die Geldgier fordert also abermals ihren Tribut am Tierwohl: In jedem Winterhalbjahr werden in Europa viele Millionen Hühner und Puten gekeult und (hoffentlich) „seuchenunschädlich" entsorgt.

Auf Europaebene wird die Nutzung eines Geflügelpestimpfstoffes diskutiert und Leitlinien für die Mitgliedsstaaten wurden erarbeitet. Eine Impfung wird von der Europäischen Behörde für Lebensmittelsicherheit (EFSA) als sinnvolle, aber nur ergänzende Maßnahme zur den bereits bestehenden Maßnahmen der Beobachtungen, Keulungen und Sperrgebiete, gesehen. Bislang wurden diese Impfstoffe an Hühnern getestet. Eine Zulassung für Wachteln ist also für die nächsten Jahre extrem unwahrscheinlich. Da die Geflügelpest ein Grippevirus ist, das gerne und schnell mutiert, ist die Bereitstellung eines wirksamen Impfstoffes erheblich erschwert; die Forderung aus der Geflügelindustrie nach einem biologischen Marker macht die Entwicklung und Herstellung noch komplizierter. Die deutsche Geflügelpestschutzverordnung wurde letztmals 2018 überarbeitet. Mir ist leider nicht bekannt, ob eine weitere Novelle, in der die Impfung erlaubt wird, überhaupt in Vorbereitung ist.

Da Wachteln aber mit ihrer Haltung ständig dem entsprechen, was für Hühner als einschränkende Stallpflicht gilt, besteht für unsere privat gehaltenen Wachteln nur ein minimales Risiko, sich mit Geflügelpest anzustecken.

In Polen kam es im Winter 2023/24 bei etlichen Hauskatzen ohne Freigang zu Todesfällen durch die Geflügelpest. Meine persönliche Schlussfolgerung dazu ist, dass erkranktes Geflügel zu rohem Katzenfutter verarbeitet wurde. Ab Frühjahr 2024 gab es in den USA Milchviehbetriebe, bei denen die Geflügelpest im Euter und der Milch auftrat. Eine Verbreitung durch Rohmilchprodukte kann nicht ausgeschlossen werden. Auch Mitarbeiter dieser Betriebe haben sich angesteckt, hatten aber, anders als einige Menschen in China, nur einen sehr milden Krankheitsverlauf. China dokumentiert mehrere Hundert menschliche Todesfälle in den vergangenen zwanzig Jahren mit und an Geflügelpest. Eine bestätigte nennenswerte Verbreitung von Mensch zu Mensch stellt die Weltgesundheitsorganisation World Health Organization (WHO) bislang nicht fest.

Aber: Bitte auf keinen Fall mit kranken Wachteln oder Hühnern kuscheln oder gar schmusen und Küsschen geben!

Dass in den Jahren 2010 bis 2014 in China 55 % der an Geflügelpest erkrankten Menschen starben und in den USA in 2024 alle nur einen milden Krankheitsverlauf erlebten, liegt an den vielen unterschiedlichen Subtypen der Geflügelpest. Grob gibt es die zwei Gruppen: wenig pathogene (wenig krank machend, Low Pathogen Avian Influenza = LPAIV (V=Virus)) und hoch pathogene (stark krank machend, HPAIV). Nur die HPAIV der Subtypen H5 oder H7 wird offiziell als Geflügelpest bezeichnet.

H5N8, H7N9 etc. bezeichnen die verschiedenen Subtypen. Die Influenzaviren haben zwei Oberflächenproteine:

das Hämagglutinin (= H)
die Neuraminidase (= N)

Diese Proteine können in unterschiedlichen Varianten vorkommen. Die Struktur der H und N bestimmen den Namen, z. B. H5N8. H ist möglich von 1 bis 18 in Kombination mit N von 1 bis 11. Diese Oberflächenproteine sind für die Wechselwirkung des Virus mit den Zellen der Wirte verantwortlich, bestimmen also, wie gut die Viren in die Körperzellen eindringen können.

Die Oberflächenproteine verändern sich und so entstehen neue Varianten, die die Wirtsabwehr der Vögel umgehen können oder dann sogar andere Wirte (Schweine, Marderhunde, Katzen, Meeressäuger und auch Menschen) infizieren können.

Die Spanische Grippe in den Jahren 1918 bis 1920 war eine H1N1-Variante und forderte etwa fünfzig Millionen menschliche Todesopfer.

Übertragung

Infizierte Vögel scheiden das Virus mit dem Kot und dem Nasen- und Augenschleim aus. Auch die Eier können das Virus enthalten. Teils wird auch die Luft als Verbreitungsweg genannt. Ich bin mir sicher, hier ist aufgewirbelter Kot-Staub gemeint. Oder virusbelastete Schleimtröpfchen, die möglicherweise je nach Windlage wenige Hundert Meter verweht werden könnten. Grippeviren können ohne Wirt nur wenige Stunden in der Umwelt überleben. Es gilt: Je kälter es ist, desto länger können sie überleben. Daher erleben wir die Grippewellen immer im Winter.

Die Inkubationszeit bei Hühnern, die Zeit von der Ansteckung bis zum Ausbruch der Krankheit, also der ersten Symptome, beträgt nur einige Stunden bis wenige Tage.

Symptome der Geflügelgrippe bei Hühnern und Wachteln sind vielfältig und bis auf das letzte wenig spezifisch:

- stumpfes, gesträubtes Federkleid
- hohes Fieber
- Apathie (= Teilnahmslosigkeit)
- Appetitlosigkeit, Schwäche
- Atemnot, Niesen
- Ausfluss aus Augen und Schnabel
- wässrig-schleimiger, grünlicher Durchfall
- zentralnervöse Störungen (abnorme Kopfhaltung, Gleichgewichtsstörungen)
- Wassereinlagerungen (Ödeme) am Kopf
- Blutstauung oder Unterhautblutungen mit blauroter Verfärbung an Kamm, Kehllappen und Füßen
- plötzliches Ausbleiben von Eiern
- plötzlich auftretende massenhafte rasche Tode innerhalb von nur zwei bis drei Tagen!

Verwechslungsgefahr

Die Geflügelpest könnte auch bei folgenden Krankheiten fälschlicherweise vermutet werden: Newcastle-Krankheit (= Atypische Geflügelpest), Geflügelcholera, Infektiöse Bronchitis (IB), Infektiöse Laryngotracheitis (ILT), Mareksche Krankheit, Aviäre Encephalomyelitis, akute Vergiftungen, schwere Haltungsfehler (Überhitzung/Wassermangel).

Behandlung

Behandlungsversuche sind nach der deutschen Geflügelpestverordnung **verboten**. Es besteht Anzeigepflicht.

Stets aktuell bleiben

In Deutschland ist das Friedrich-Löffler-Institut das Bundesforschungsinstitut für Tiergesundheit. Auf der Webseite findet man stets aktuelle Übersichtskarten der neuesten und älteren Geflügelpestfälle in Deutschland und Europa. Alle paar Monate gibt es dort auch eine gut verständlich geschriebene und aktuelle Risikoeinschätzung zur Geflügelpest.

Aktuelles Tierseuchengeschehen auf der Webseite des Friedrich-Löffler-Instituts, Bundesforschungsinstitut für Tiergesundheit.

https://www.fli.de/de/aktuelles/tierseuchengeschehen/

Das jeweilige Veterinäramt vor Ort kann bei einem Ausbruch in der Region eine Aufstallpflicht verkünden. Diese gilt auch für privat gehaltenes Geflügel, also auch für Wachteln und tritt meist im November/Dezember in Kraft. Oft sind jedes Jahr wieder dieselben Regionen stark betroffen: Hotspots der Geflügelindustrie und die Küstenregionen. Die Geflügelpest ist nämlich nur für bestimmte Vogelgruppen gefährlich. Andere Gruppen, z. B. Sperlingsvögel und Tauben, scheinen beinahe immun zu sein und wieder andere, wie Enten und Gänse, erkranken nur sehr leicht, scheiden das Virus aber aus und können es somit verbreiten. In der Vergangenheit wurden daher die „Wildvögel“

als der kritische Verbreitungsübeltäter angesehen. Daher gibt es einige allgemeine und spezielle „Biosicherheitsmaßnahmen" zur Bekämpfung der Geflügelpest. Während der Stallpflicht dürfen die Hühner und alles andere gehaltene Geflügel keinen Kontakt zu Wildvögeln haben. Leider liest nicht jeder den §1 in der Geflügelpestschutzverordnung. Dort sind die Wildvögel klar definiert und es sind **nicht** alle „wilden" Garten-Vögel. Sämtliche Sperlingsvögel sind im Sinne der Verordnung keine Wildvögel. Der Spatz, die Meise und Amsel stellen keine Gefahr bei der Verbreitung der Geflügelpest dar. Wenn man Freude daran hat, darf man also getrost weiter im Winter ein Futterhäuschen für Singvögel betreiben. Nur Stockenten und Wildgänse sollte man damit nicht anlocken!

Newcastle-Krankheit

Die Newcastle-Krankheit ist eine anzeigepflichtige Krankheit mit ähnlichen Symptomen wie die Geflügelpest. Wachteln sind für diese Krankheit empfänglich, allerdings weniger als Hühner. Typische Symptome können sein: Abgeschlagenheit, zerzaustes Gefieder, Beinlähmung, Durchfall und zum Teil ein Schiefhals. Leider wird sie daher auch als **Atypische Geflügelpest** bezeichnet. Leider, weil es dadurch immer wieder zu Verwirrung kommt: Das Erregervirus der Newcastle-Krankheit mutiert wenig und so gibt es schon lange eine **hochwirksame Impfung für Hühner**, die in Deutschland seit 2005 die einzige Pflichtimpfung für Hühner ist. Jedoch ist es, wie oben beschrieben, (derzeit noch) verboten, gegen die klassische Geflügelpest zu impfen. Dennoch habe ich auf den Flyern von mobilen Hybridhühnerhändlern gelesen, dass ihr Geflügel angeblich gegen die Geflügelpest geimpft sei. Käufer werden hier komplett in die Irre geführt und halten sich dann bei einem möglichen Seuchengeschehen womöglich nicht an die Biosicherheitsmaßnahmen, da sie im Glauben sind, ihre Tiere seien immun gegen die Geflügelpest. Ich vermute, diese Fehlinformation geschieht eher aus Wissensmangel denn werbestrategisch.

Wie bereits im Kapitel 2 ausführlich erläutert, gilt die Newcastle-Pflichtimpfung nur für Hühner und NICHT für Wachteln. Der

Newcastle-Impfstoff, der von Rassegeflügelzuchtvereinen regelmäßig für die Trinkwasserimpfung der Hühner und Zwerg-Hühner genutzt wird, ist NICHT für Wachteln zugelassen. **Bitte impft eure Wachteln nicht mit dem Hühner-Newcastle-Impfstoff.**

Die Inkubationszeit der Newcastle-Krankheit beträgt meist vier bis sechs Tage. Die Viren befallen die Lunge, den Darm und das Zentralnervensystem. Nach den ersten Symptomen ist die Sterblichkeit bei Hühnern nach etwa fünf weiteren Tagen sehr hoch. Es gibt keine wirksamen Behandlungsmöglichkeiten.

In Kairo hat ein Forscherteam Gruppen von Wachteln und Hühner bewusst mit Newcastle infiziert und beobachtet. Die Überlebensrate bei den nicht geimpften Wachteln lag bei 70 %, bei den nicht geimpften Hühnern bei 0 % und bei den zuvor geimpften Hühnern bei 90 %.[18]

Der Verbreitungspfad für die Newcastle-Krankheit sind hauptsächlich infizierte Tiere und deren Ausscheidungen. Menschen können die Erreger demnach auch über kontaminierte Gerätschaften und genutzte Einstreu verschleppen. In den letzten Eiern, die vor dem Tod gelegt wurden, kann das Virus auch im Ei an die Küken weitergegeben werden. Bei einem Verdacht also die letzten Eier verwerfen und keinesfalls bebrüten.

Mareksche Krankheit

Die Mareksche Geflügellähme ist die Krankheit, vor der ich große Angst habe, sobald ich daran erinnert werde, dass es so etwas Hinterhältiges gibt: Es ist eine Herpes-Viruserkrankung, bei der die Ansteckung bereits bei Küken erfolgt, die aber erst viele Wochen später, bei Hühnern kurz vor der vollendeten Geschlechtsreife (etwa 16 bis 21 Wochen alte Junghühner), mit schrecklichen Symptomen ausbricht. Wachteln mit Marek sterben meist zwischen der 10. und 14. Lebenswoche. Die Todesrate bei Wachteln beträgt etwa 70 %. Die Krankheit befällt das Gehirn und das Nervensystem. An verschiedenen Stellen im ganzen Körper können sich Tumore bilden. Es gibt diverse motorische

---

18 Sahrawi, S., et al. “Experimental Infection of Quail by NDV and Its Immune Response to Vaccination.” *Benha Veterinary Medical Journal* 29, no. 2 (2015): 218–224.

Anzeichen (Bewegungsstörungen) von hängenden Flügeln, den Kopf zuckend in den Nacken verdrehend über einen unsicheren Gang mit eingeknickten Beinen, bis oft ein Bein nach hinten und das andere nach vorne zeigt und das Tier nicht mehr laufen kann. Für Hühner gibt es eine Impfung, die aber am ersten Lebenstag nur bei Kunstbrut-Küken erfolgen kann. Die Marek-Impfung wird nur von sehr wenigen Tierärzten angeboten, da der Impfstoff eine geschlossene Kühlkette verlangt. Es gibt keine Behandlung gegen die Marieksche Lähme. Die Viren werden über Federfollikelstaub und alles, dem Federstaub anhaften kann, übertragen: Federn, Einstreu, Geräte, Kot, Dreck an Bruteiern. Die Wachtelküken nach Kunstbrut für die ersten Wochen getrennt von den Alttieren und anderen möglichen Infektionseintragsquellen großzuziehen, ist eine starke Absicherung gegen die Marieksche Krankheit.

Ulzerative Enteritis

Das ist die sogenannte Wachtelkrankheit, eine bakterielle Darmerkrankung (*Clostridium colinum*). Sie verursacht Geschwüre im Dünndarm, den beiden Blinddärmen und im oberen Dickdarm. Besonders anfällig sind Virginiawachteln, aber auch andere Wachteln und Hühnervögel sind empfänglich. Die Symptome sind wässriger bis blutiger Durchfall, Lethargie (Teilnahmslosigkeit/Schläfrigkeit), Appetitlosigkeit und plötzlicher Tod. Der primäre Eintragsweg ist das Fressen von Kot, Einstreu oder Trinken von Wasser, das mit den Bakterien oder seinen in der Umwelt recht resistenten Sporen belastet ist. Übergewichtige und einseitig ernährte Wachteln scheinen anfälliger dafür zu sein. Mit Antibiotika gegen Clostridium ist eine Behandlung gut möglich.

Legenot

Ein fertiges Ei befindet sich im Uterus und kann aus irgendeinem Grund nicht gelegt werden. Anzeichen: Die Henne atmet aufgeregt und plustert sich auf, als wenn sie ein Ei legen möchte. Sie sitzt breitbeinig da und presst. Aber das Ei kommt nicht heraus. Der Zustand, der normalerweise maximal eine Minute dauert, hält fortwährend an. Die Henne ist dadurch schnell entkräftet. Fieber kann auftreten. Bei einer Handkontrolle ist das Ei im Legebauch in der Nähe der Kloake (vorsichtig!) zu ertasten.

Verschiedene Ursachen kommen infrage: Eine Entzündung im Legeapparat, schwache oder verkrampfte Muskeln, ein kleines Wind- oder gebrochenes Ei, an dem nicht ausreichend Druck für ein Legen aufgebaut werden kann, da die Form nachgibt, ein sehr großes Ei, eventuell ein Doppeldotterei, Tumore im Legetrakt, starkes Übergewicht, Stress, Kalziummangel, zu proteinreiches Futter. Eine artgerechte Haltung mit angepasstem Futter ist also eine gute vorbeugende Maßnahme gegen Legenot. Dennoch kann es hin und wieder auch in einer privaten Haltung auftreten. Eine Henne in Legenot quält sich sehr und ist innerlich in Panik. Ein Tierarzt wird vielleicht gleich ein Erlösen vorschlagen oder folgende Behandlung starten: Gleitmittel in die Kloake spritzen und ganz vorsichtig versuchen, das Ei heraus zu massieren. Zerbricht die Eierschale dabei, können innere Verletzungen auftreten. Das Ei kann noch herausoperiert werden. Bei Hühnern und Wachteln würde aber bereits am nächsten oder übernächsten Tag das nächste Ei die Wunde aufreißen, daher ist eine gleichzeitige hormonelle Behandlung notwendig. Alternativ kann die Henne auch in einem künstlichen Kurz-Licht-Tag von nur maximal acht Stunden Licht zu sechzehn Stunden Dunkelheit gehalten werden. Auch dadurch sollte das Eierlegen unterbrochen werden, falls man dafür einen komplett dunklen Raum hat oder schaffen kann. Die Prognose auf eine völlige Genesung ist leider schlecht. Die Behandlung bedeutet großen Stress und eine Qual für die Henne und kostet Kraft, Zeit und Geld. Daher kann leider auch das Erlösen zu Hause durch den Halter die traurige, aber zugleich angebrachte Alternative sein.

Legedarmvorfall / Prolaps / Kloakenvorfall

Beim Legen eines Eies wird ein kleines Stückchen Legedarm aus der Kloake hervorgestülpt. Die Kloake ist der gemeinsame Ausgang vom Legeappart und vom Verdauungssystem. So wird verhindert, dass Keime aus dem Ende des Darms in den Legeapparat gelangen.

Normalerweise zieht sich das Ende des Legedarms sofort nach dem Legen wieder zurück. Nach einer drohenden Legenot z. B. durch ein sehr großes Ei, kann es leider passieren, dass sich viel zu viel Legedarm aus der Kloake hervorstülpt und nicht mehr zurückgezogen werden kann. Es ist sehr schmerzhaft für die Wachtelhenne; sie steht mit gestruppt wirkendem Gefieder krumm und apathisch in einer Ecke. Von Weitem sieht die Afterpartie feucht und zerzaust oder wie bei einem starken Durchfall aus. Bei einer Handkontrolle sieht man sofort den ausgestülpten Schlauch des hinteren Endes des Legedarms. Die empfindliche Schleimhaut trocknet schnell aus. Bei Hühnern picken die anderen schnell daran, was zu schwersten Verletzungen und Kannibalismus führen kann (wahrscheinlich wollten sie nur ihre Genossin von diesem Fremdkörper befreien). In artgerechter Haltung werden die anderen Wachteln normalerweise die Henne mit Legedarmvorfall eher in Ruhe lassen. Die Behandlung ist ähnlich schwierig wie bei der Legenot. Egal, ob zum Tierarzt oder selbst erlösen: Es sollte so zügig wie möglich gehandelt werden. Der Tierarzt kann das Gewebe reinigen und vorsichtig zurück in den Körper schieben. Mit dem nächsten

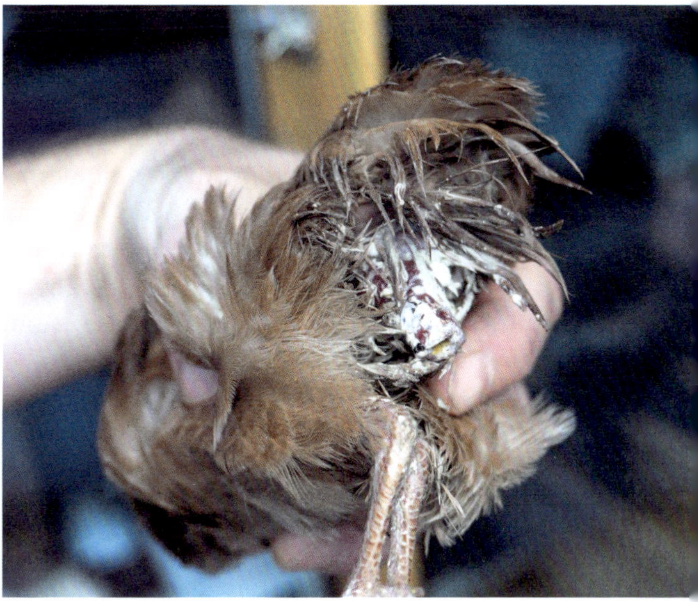

Das ist die rote Henne vom Anfang des Kapitels. Der ausgestülpte Legeapparat tritt etwa drei cm aus der Kloake hervor. Direkt nach dem Foto habe ich sie erlöst.

Ei oder sogar dem nächsten Kothaufen kann aber wieder etwas Legedarm herausrutschen. Eine gleichzeitige hormonelle Behandlung gegen Eierlegen oder eine Dunkelhaltung gibt eine Chance, dass sich die Henne regenerieren kann. Ein erneutes Auftreten auch nach einer Legepause ist aber nicht unwahrscheinlich.

1967 wurden an 270 Versuchstierwachteln, die älter als fünf Wochen waren, die Todesursachen festgestellt.[19] Am häufigsten waren mit 24 % Erkrankungen der Legeorgane, gefolgt von Erkrankungen der Verdauungsorgane mit 23 %, Kümmerer 20 % und Leukosen (Viruserkrankung, die zu Tumoren führt) 8 %. Verletzungen waren nur bei 2,9 %, Erkrankungen der Atmungsorgane bei 1,2 % und Infektionskrankheiten bei 1,1 % der untersuchten Tiere die Todesursache.

Verletzungen

Verletzungen können an scharfkantigen Gegenständen oder ungünstigen Aufbauten im Stall oder der Voliere auftreten. Am häufigsten kommt es aber zu Verletzungen im Nackenbereich durch das Picken von anderen Wachteln. Wachtelhennen können das machen, wenn sie verunsichert sind und andere unbekannte Wachteln auf Distanz halten wollen. Wenn es zu wenig Ausweichmöglichkeiten, Ruhezonen und sichtgeschützte Bereiche gibt, kann auch eine Wachtelhenne einer anderen Wachtel (auch Wachtelhähnen) im Nacken durch wiederholtes Picken eine Wunde zufügen. Meist entstehen diese Wunden aber durch Wachtelhähne, die sich beim Tretakt dort mit dem Schnabel an der Henne festhalten wollen. Möchte die Wachtelhenne gerade nicht, so versucht sie wegzulaufen. Der Hahn möchte aber unbedingt und hält sie fest. Entweder er läuft festgebissen mit oder bleibt stehen. So reißen zuerst Federn im Nacken aus. Sind keine Federn mehr da und der Schnabel steckt in der Haut, kann diese aufreißen. Es kommt vor, dass dann Wachteln im Nacken skalpiert werden. Das

---

19 Löliger, H. C.; H.-J. Schubert: Spontanerkrankungen bei japanischen Wachteln *(Coturnix coturnix japonica)*. In: *Zeitschrift für Versuchstierkunde*, Bd. 9 (1997), S. 87–94.

sieht schlimm aus, kann aber über Wochen von selbst abheilen, wenn man diese Tiere separiert. In artgerechter privater Haltung kann eine Gruppe von Hennen mit einem Hahn dauerhaft gut funktionieren. Man sollte aber die Hennen von Zeit zu Zeit begutachten und denjenigen, die schon eine Glatze am Hinterkopf haben, eine Ruhepause von

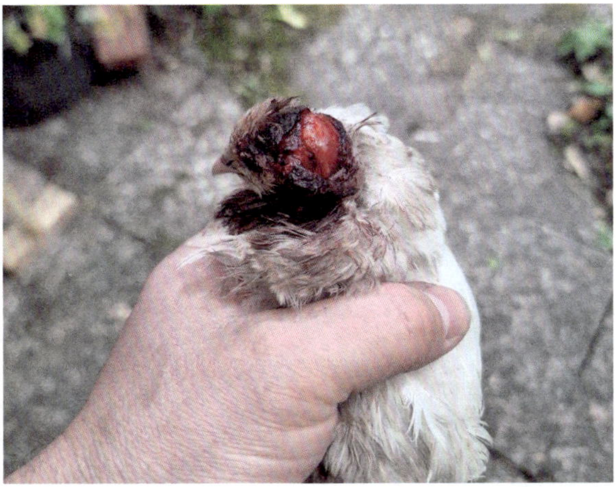

3. Juli: Die Henne verhielt sich in Quarantäne ruhig, daher habe ich ihr eine Chance gegeben. Die Entscheidung, sie sofort zu erlösen, wäre aber ebenso gerechtfertigt gewesen.

25. Juli: Die Wunde ist schon recht gut verheilt. Ich hatte mir für sie gewünscht, dass sie eine Legepause einlegt. Bereits zwei Tage nach der Verletzung hatte sie aber schon wieder regelmäßig Eier gelegt.

6. August: Die schwere Verletzung ist sehr gut verheilt. Leider sind an der Stelle immer noch keine Federn nachgewachsen (Stand Oktober).

ein paar Wochen zur Regeneration gönnen. Effektiv ist es, den Hahn aus der Gruppe zu nehmen. Dieser kann in einer anderen Gruppe Hennen oder zeitweise solo gehalten werden, was er wahrscheinlich nicht mögen wird und weshalb er viel krähen wird. Auch eine zeitweise Paarhaltung mit einer frischen Wachtelhenne kann funktionieren. Schon in den ersten Minuten nach dem Zusammensetzen zeigt sich, ob die beiden harmonieren oder nicht.

Sind mehrere oder nur Wachtelhähne in einer Gruppe, kommt es regelmäßig zu Aktionen, die ich nicht anders als extremes körperliches Mobbing bis hin zur Wachtel-Massenvergewaltigung bezeichnen kann. Zwei oder drei vom Gemüt her friedliche Wachtelhähne in einer großen artgerecht eingerichteten Voliere mögen in Ausnahmen funktionieren, in den allermeisten Fällen sind Wachtelhähne, die zusammen gehalten werden, aber im Dauerstress und Verletzungen untereinander sind nur eine Frage der Zeit.

Verletze Wachteln sollten alleine in einen frisch eingestreuten Quarantänestall gesetzt werden. Je nach Art und Körperstelle ist eventuell eine Säuberung und Desinfektion der Wunde angebracht. Blutende

Wunden oder solche unter oder an den Füßen sollten mit einem kleinen Verband vor dem Eindringen von Keimen geschützt werden.

Viele Wunden heilen bei Wachteln schnell und gut von selbst. Bei tiefen, eiternden oder schlecht heilenden Wunden sollte ein Tierarzt konsultiert werden.

Auch Verstauchungen und Brüche können bei Wachteln vorkommen. Hauptsächlich an den Beinen und Flügeln, auch am Brustbein. Verstauchungen heilen meist über Wochen von selbst aus, Brüche sind weitaus gefährlicher. Ein Tierarzt kann den Bruch beurteilen und eine Behandlung mit Schienen und Verbänden starten.

Fußballenabzesse

Kleine Verletzungen oder Kratzer an der Fußunterseite, die sich entzünden, können sich zu schmerzhaften Ballenabzessen entwickeln. Oft sind es *Staphylococcus aureus, E. coli* oder *Pseudomonas*-Bakterien, die in die kleine Wunde eindringen und die Infektion verursachen. Diese Bakterien sind fast überall in der Umwelt vorhanden. In trockener Einstreu ist die Abundanz (Begriff aus der Mikrobiologie = Anzahl, Häufigkeit, Menge) der Bakterien erheblich niedriger als in feuchter. Feuchte Einstreu, insbesondere mit feuchtem Kot durchsetzte Einstreu, begünstigt also das Auftreten von Abszessen. Der Eiter von Wachteln ist sehr zähflüssig, ähnlich wie harter Honig. Er kann sich im Ballen oder an den Zehen (jeweils der Verletzungsstelle) ansammeln und den Ballen regelrecht aufblähen. Unbehandelt kann das bis zum Hinken und zur Lahmheit führen; die Tiere fressen und trinken schlechter, magern ab und sind mit der Entzündung im Fuß auch anfälliger für andere Krankheiten. Aber auch die Blutvergiftung mit den Staphylokokken kann sich ausbreiten und zum Tode führen. Risikofaktoren sind eine unhygienische Haltung, feuchte Einstreu, Überbesatz, Übergewicht, eventuell auch Genetik oder Verhaltensmuster (Scharren gern oder wenig), Scharfkantiges in Fußnähe (Gitter, Draht, Splitter, eventuell Spelzen). Daraus folgt, dass die in Kapitel 2 „Grundlagen der Wachtelhaltung“ beschriebene artgerechte

Gesäubert leichte Fussballenabzesse bei einer Wachtelhenne.

Haltung mit verschiedenen Einstreumaterialien, dem Sandbad, Steinen, dicken Ästen und einer rauen Steinplatte unter dem Futterbehälter sehr gute vorbeugende Maßnahmen für die Fußgesundheit sind.

Eine erfolgversprechende Behandlung von Fußballenabzessen ist möglich, aber recht aufwendig und kann langwierig sein. Sie wird besser vom Tierarzt durchgeführt, aber manche Halter trauen es sich auch selbst zu: Die Schwellung öffnen und den Eiter auslassen, die Wunde versorgen, desinfizieren und gut verbinden, das Tier in hygienische Quarantäne setzen, täglich die Wunde überprüfen und den Verband wechseln, ggf. erneut Eiter ablassen. Im Prinzip würden Antibiotika auch gut wirken können, leider ist der Fuß bei Wachteln ganz schlecht durchblutet und so gelangen die oral gegebenen Antibiotika fast nicht an die betreffende Stelle. Auf jeden Fall Handschuhe tragen: Staphylokokken können auch Menschen infizieren, z. B. wenn man gerade eine kleine Wunde (als bakterielle Eintrittspforte) um die Fingernägel hat. **Es sollte auch KEIN Tier mit einer Infektion der Küche zugeführt werden.** Es ist unklar, wie weit sich die Infektion schon ausgebreitet hat. Lebensmittelvergiftungen werden oft durch *Staphylococcus aureus* verursacht. Gekochte Eier von einer Wachtel mit einem beginnenden Fußballenabzess zu essen sollte keine Gefahr darstellen. Sobald sich die Infektion aber schon im Bein auf das Fersengelenk oder noch weiterverbreitet hat, sollte das Tier separiert und in Behandlung sein oder erlöst werden. Die Eier während der Behandlung, vor allem bei zusätzlicher Antibiotikagabe, sind zu verwerfen.

Federpicken

Wenn sich die Wachteln gegenseitig oder sich selbst die Federn picken, herausziehen und auffressen, ist das ein Alarmsignal für eine Verhaltensstörung, das man als Hilferuf verstehen sollte. Dies wird oft durch Stress ausgelöst und kann eine Vorstufe von Kannibalismus sein. Oft ist die Besatzdichte viel zu hoch und/oder die Gruppengröße zu groß (weit über hundert). Eventuell ist das Stallklima suboptimal, zu warm oder es gibt nicht ausreichend Frischluft. Bei gestressten Tieren in einer Halle kann auch die Sonneneinstrahlung durch ein Fenster das Federpicken auslösen oder verstärken. Im Futter könnten zu wenig Rohfasern, Aminosäuren, Natrium oder Magnesium vorhanden sein. Ein Topf mit Margarine soll eine gute Sofortnotfallhilfe sein. Falls noch nicht vorhanden, sollte unbedingt Beschäftigungsmaterial zur Verfügung stehen: scharrfähige Einstreu, Picksteine, Grünfutter, Luzerneballen, ganze Möhren etc.

Raubtiere

Nicht nur in den Dörfern oder Stadtrandgebieten, sondern auch in den Innenstädten gibt es Raub- und Haustiere, die unsere Wachteln als Nahrungsangebot wahrnehmen. Das sind hauptsächlich Füchse, Marder, Waschbären, Katzen, Ratten und Mauswiesel. Hätten unsere Wachteln Freilauf, so würden auch Greifvögel und Krähen eine große Gefahr darstellen. In wärmeren Ländern stellen auch Schlangen eine ernste Gefahr für Wachteln dar.

Halten wir die Wachteln in einem Stall drinnen in einer Garage, Anbau oder Gartenhaus, so können nur noch die kleineren Räuber bis zum Stall gelangen. Es gibt unterschiedliche Drahtgeflechte für den Eigenbau von Ställen und Volieren. Überall, wo noch eine Maus

Ein Mauswiesel, dass sich gerade eine Maus geschnappt hat. © DavidEdwards8 / Shutterstock.com

Auf einem Kiesbett liegen auf der gesamten Bodenfläche der Voliere Pflastersteine als Untergrund.

Bei einer Dachkonstruktion mit Welldachplatten entstehen Löcher, durch die sehr einfach Räuber zu unseren Wachtel eindringen könnten.

hindurchpasst, könnte auch ein junges Mauswiesel durchpassen. Vorrangig jagen Mauswiesel aber Mäuse und sogar Ratten in Wiesen, Feldern und Wäldern.

Bei Volieren sind insbesondere ein Untergraben des Drahtes und Schwachstellen in der Dachkonstruktion Eintrittspforten für die Raubtiere. Ein Untergraben kann durch ein Eingraben des Drahtes oder durch Steinplatten, Pflastersteine oder umrandende Pflanzsteine verhindert werden.

Vorbeugen ist besser als heilen!

Mit einer artgerechten Haltung, wie in Kapitel 2 „Grundlagen der Wachtelhaltung" beschrieben, sind die Wachteln schon sehr gut aufgestellt. Falls doch mal etwas auftritt, findet man hier in der vorangegangenen Übersicht gute Handlungsempfehlungen, die ich speziell jeweils für Wachteln recherchiert und zusammengestellt habe. Bei meiner Recherche ist mir immer wieder negativ aufgefallen, dass viele Dinge einfach nur 1:1 von Hühnern kopiert, für vermeintliche Wachtel-Infowebseiten husch-husch zusammengeschustert oder schlicht falsch oder irreführend beschrieben werden. Wachteln sind verwandte, aber doch andere Tiere als Hühner. Das gilt es zu bedenken. Vorbeugen ist besser als heilen! Dazu ist es auch günstiger und deutlich entspannter.

Abschluss

Wachteln halten ist eine ausgesprochen gute Idee. Besonders für Einsteiger, die Freude an ein wenig Selbstversorgung mit eigenen frischen Wachteleiern haben. Die artgerechte Tierhaltung ist ein persönlicher Nachhaltigkeitsbeitrag zum bewussteren Umgang mit Lebensmitteln. Und selbst Mieter mit einem Balkon, auf dem noch zwei Quadratmeter Platz frei sind, können mit Wachteln starten. Die Bauanleitung für einen Balkonstall aus Kapitel 8 bietet ausreichend Platz für fünf bis zehn Wachteln.

Mit diesem Buch habt ihr euch alles nötige Wissen gekauft, das einen Anfänger zu einem Experten werden lässt. Ihr seid für den Start optimal informiert und habt ein Nachschlagewerk für später aufkommende Fragen an der Hand.

Ich habe mir vor und zu meinen Wachteln verschiedene Wachtelbücher gekauft und sie intensiv studiert. Wirklich zufrieden war ich bislang mit keinem einzigen. Meist schneiden sie das nötige Wissen

Wachteln: Eine richtig gute Idee! Diese Henne hat uns auf dem Titelbild begrüßt und ist auch das Fotoküken, welches ich mit Unterstützung meines Sohnes vom Küken bis zur erwachsenen Henne täglich fotografiert habe. Jetzt beginnt schon ihre Herbstmauser. Das abschließende Fotoshooting mit mir hat sie aber noch mal anstandslos über sich ergehen lassen.

zur Pflege und Haltung nur unzureichend an und laben sich dann in ihrem Nischenthema, sei es die Zucht von Laborwachteln inklusive Gewichtstabellen, der Aufbau einer landwirtschaftlichen Wirtschafts-Wachtelhaltung mit Kostenkalkulationen oder – im starken Gegensatz dazu – romantisierte und verniedlichte Wachtelidylle mit zahlreichen Hochglanzfotos ohne Beschriftung. An vielen Stellen habe ich neben guten Ratschlägen auch grenzwertige und widersprüchliche Informationen über Wachteln gelesen. Das fällt einem aber erst auf, wenn man selbst ausreichend Wissen angehäuft hat und alles immer wieder kritisch hinterfragt. Ein Großteil meiner Motivation, mit der ich viele Hunderte Stunden in die Recherche und Selbstversuche zu diesem Buch gesteckt habe, stammt aus dem Frust, dass endlich ein umfassendes und fachlich korrektes Wachtelbuch für Anfänger notwendig ist. Ihr habt dieses Buch, das ich mir seit Langem gewünscht habe, jetzt in den Händen. Wer sich noch mehr Unterstützung und Betreuung wünscht, ist eingeladen, online mit mir zusammenzuarbeiten. Über meine Autorenwebseite beim Eulogia-Verlag gelangt ihr zu meinem Online-Kurs für Wachtelanfänger.

https://www.eulogiaverlag.de/authors/dr-benedikt-sauer

Dort gibt es die Inhalte aus diesem Buch als Videos, vertiefend und mit Updates. Auf euren Wunsch behandle ich dort auch weitere Themen, z. B. die Naturbrut bei Wachteln. Ihr könnt Zugang zu einer Chatgruppe für Wachtelanfänger erhalten und bei Interesse treffen wir uns monatlich zu einer Onlinesitzung, in der ihr eure Fragen und Erlebnisse teilen könnt. Voraussichtlich im Frühjahr 2026 wird dieses Onlineangebot starten. Zwischenzeitlich schaut gerne auf meinem Youtube-Kanal über Wachteln vorbei, um auf dem Stand der Dinge zu bleiben:

www.youtube.com/@WorldofWachtel

YouTube-Kanalbanner World of Wachtel.

Ein überraschendes und für mich völlig unerwartetes Highlight mit den Wachteln habe ich euch im Kapitel über die Eier verheimlicht:

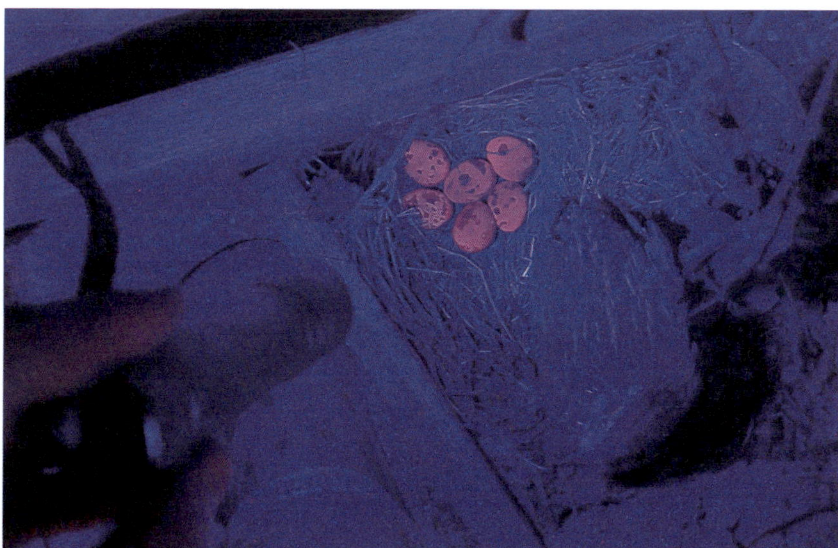

Wachteleier leuchten unter Schwarzlicht.

Geht man erst nach Einbruch der Dämmerung die Wachteleier einsammeln und nimmt dabei eine Schwarzlicht-Taschenlampe mit, so ist es unmöglich, ein Ei zu übersehen. Durch das Molekül Protoporphyrin IX leuchten Eier unter Schwarzlicht neonrosa auf. Dadurch wird das Eiereinsammeln noch mehr zum Rausch in der Jagd auf den nächsten kleinen Schatz.

Es gibt kaum etwas Schöneres, als die ersten eigenen Wachteleier in der Hand zu halten und zu wissen: „Das habe ich selbst möglich gemacht!"

Wenn ihr bis hierhin gelesen habt, gebe ich, Dr. Bene, euch meinen Segen für den Start mit Wachteln: Die Zeit zum Grübeln ist vorbei. Einfach machen!

Danke

Allen Geflügelfreunden. Allen Freunden im Sonderverein der Züchter der Japanischen Legewachteln. Insbesondere den Menschen, die mit Fotos zu diesem Buch beigetragen haben: Domenik Buschhorn, Josefine Brömmelmeier, Jeffrey Krüger, Sonja Leonhardt.

Den Menschen beim Eulogia-Verlag, ohne die das Buch niemals entstanden bzw. niemals fertig geworden wäre: Sandra, Daniel, Finn und Tomasz.

Meiner Familie immer.

EUCH.

Mir.

„Hühner halten für Anfänger“ von Dr. Benedikt Sauer

Hühner halten für Anfänger

Das große Praxisbuch zur artgerechten Hühnerhaltung im Garten – Alles über Anschaffung, Pflege, Futter, Hühnerställe, Eier und Rassen

Die Idee, eigene Hühner zu halten, fasziniert viele, doch nur wenige wissen, was wirklich dahinter steckt. Dr. Benedikt Sauer, erfahrener Hühnerhalter und Züchter, teilt in diesem Buch seine umfassenden Kenntnisse und ehrlichen Einblicke in die Welt der Hühnerhaltung – mit all ihren Herausforderungen und Freuden.

Stellen Sie sich vor: Sie sitzen im Sonnenschein auf Ihrer Gartenbank, eine Tasse Cappuccino in der Hand, und beobachten Ihre glücklichen Hühner beim Sandbaden unter den Rhododendren. Das leise Gackern im Hintergrund, das Streicheln der weichen Federn und das Einsammeln der Eier für Ihr Frühstück – all das bringt ein Stück Selbstversorgungs-Feeling in Ihren eigenen Garten. Dr. Bene zeigt, dass man dafür nicht viel Platz benötigt. Selbst mit einem Garten ab etwa 50 qm können Sie diese idyllische Atmosphäre schaffen und den Traum vom naturnahen Leben verwirklichen.

https://www.amazon.de/H%C3%BChner-halten-f%C3%BCr-Anf%C3%A4nger-H%C3%BChnerhaltung/dp/3969674611

https://www.thalia.de/shop/home/artikeldetails/A1073371389

Bibliografische Information der Deutschen Nationalbibliothek.

Die Deutsche Nationalbibliothek verzeichnet diese Publikation in der Deutschen Nationalbibliografie; detaillierte bibliografische Daten sind im Internet über http://dnb.dnb.de abrufbar.

Für Fragen und Anregungen:
info@eulogiaverlag.de

ISBN Softcover: 978-3-96967-632-5
ISBN eBook: 978-3-96967-633-2

Originale Erstausgabe 2025

Eulogia Verlags GmbH
Gerhofstraße 1–3
20354 Hamburg

Lektorat: Sandra Pichler
Satz und Layout: Tomasz Dębowski
Covergestaltung: Aleksandar Petrović

Liebe Leserin, lieber Leser,

hat Ihnen dieses Buch gefallen?
Ihr Feedback, Ihre Anregungen und Ihre Kritik bedeuten uns viel, denn sie helfen uns, unsere Bücher kontinuierlich zu verbessern.

Die Meinung und Zufriedenheit unserer geschätzten Leserinnen und Leser stehen im Mittelpunkt unseres Schaffens. Ihre Gedanken sind uns wichtig.

Zögern Sie daher nicht, uns zu kontaktieren und Ihre Gedanken mit uns zu teilen. Senden Sie uns einfach eine E-Mail an:
feedback@eulogiaverlag.de

Besuchen Sie auch gern unsere Verlagsseite und entdecken Sie weitere spannende Bücher unter:
www.eulogiaverlag.de

Wir sind gespannt auf Ihre Nachricht und freuen uns darauf, von Ihnen zu hören!

Herzlichst
Ihr **Eulogia Verlag**

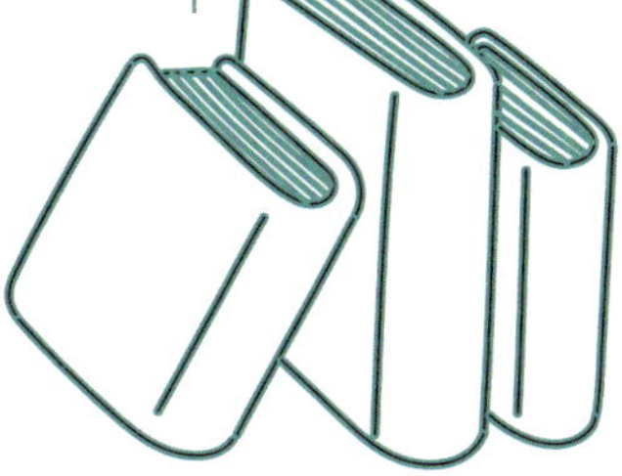